U0040189

世界第一簡單
傅立葉分析

澀谷道雄◎著

晴瀨ひろき◎作畫

TREND・PRO◎製作　　謝仲其◎譯

◆◆◆ 前言 ◆◆◆

本書是希望使讀者對傅立葉轉換／傅立葉分析能有概略認識的入門書。

「傅立葉分析」不只應用在物理學領域，在工業製造等領域也廣泛地應用。支撐傅立葉分析的依據是名為「傅立葉轉換」的數學理論。我想大多數讀者會有一種「數學＝公式」的想法，但是就研究數學而言，需要的不是背公式，而是理解其中的理論與概念。

此外，為了理解這些概念，我們還必須具備基礎的知識。傅立葉轉換所需的基本知識是微積分與三角函數，能建立對這些基礎知識的「概念」也非常重要。國、高中課程對三角函數（正弦、餘弦、正切）的介紹，重點在直角三角形兩邊的比，不斷進行相關公式運用的訓練；本書則著重在三角函數隨著時間迴轉、運動的相關函數上。希望各位能理解本書這種方向的適當性。

換個角度看，本書也可以說是藉傅立葉分析之名的三角函數參考書。在書中有最低限度的必要公式未作證明便直接運用，但最重要的並非死背這些公式，而是運用它們獲得新的發現和理解時的感動。以前許多教科書與參考書都著重在記憶公式與演練解題上，國、高中與大學的考試也都在測驗公式的運用（計算）能力，以致最後有些人乾脆將習題全背起來。

傅立葉轉換可以從數種基礎的數學知識推導出嶄新的概念，理解這概念所獲得的樂趣，是死背公式完全無法相比的。傅立葉分析的應用範圍極廣，本書僅介紹「聲音」領域的應用當作範例。讀者若能自己解析各式各樣的聲音，說不定能有新的發現呢！

經由本書對傅立葉轉換／傅立葉分析有了基本認識後，讀者若對傅立葉轉換的具體計算方式及頻譜的時間變化等有進一步了解的興趣，我建議可以接著閱讀我著作（共著）的《用 Excel 學傅立葉轉換》（OHM 社出版）。該書介紹的例題是在電腦上運用 Excel 軟體進行各式各樣簡便的解析。

在此我要感謝將原本充斥數學式的傅立葉分析的解說轉變成精采故事的 re_akino，以及將故事化成充滿魅力的漫畫形式的晴瀨ひろき先生。最後還要對從本書企劃到最後一路大力支持的 OHM 社開發局各位成員至上最深的謝意。

目　錄

◆序章◆

聲波

可惜我們聚集了這麼好的吉他手、

如果文香妳可以當主唱就好囉！可惜文香竟然是少見的音……

啊

瞪

貝斯手，還有鼓手。

音……？

音痴！

啊～！上帝賜給我如此的音樂才華和美貌，

噹

嗚哇

為什麼不賜給我美妙的歌聲啊——

沉默寡言、輕聲細語的阿鈴就別提了。

砰

惠理奈要不要唱啊？

臉紅

唱……

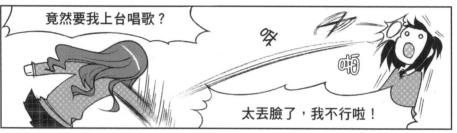

竟然要我上台唱歌？

嗖

啪

太丟臉了，我不行啦！

還是去問看看裕樹……

裕樹！

不、不行不行！！

HAHAHA

呼——裕樹——

那傢伙對女生比對音樂還有興趣！

我和他從小一起長大，太清楚了！

可是如果裕樹當主唱，樂團會更受歡迎，人際關係也更廣。

誰說的！沒這回事！

而且他好像本來就喜歡妳……

眞是的……除了找主唱外，我還有另一個大問題……

什、什麼啊？

我的數學考試成績很差……

文香！！

○年○班 奈奈瀬文香 32

轟轟轟轟 轟轟 轟轟轟

抖抖

噫

下次再考這種分數，我就沒收妳的吉他！

○X△○□△○X ※!! !!!

噫～

所以……

這是樂團能否生存的空前危機啊！

阿鈴！妳還裝傻！

妳的數學也很荣吧！

惠理奈妳好棒！不但是大小姐，頭腦又靈光……

妳都在看大學程度的書了呢！

6　序章◆聲波

我可是用「心」來聽音樂的唷！

呵呵……那麼，

妳知道為什麼音高同樣是La，由不同樂器發聲，聽來就完全不同呢？

欸……

……？

因為這些聲音的波形不同的關係。

但是妳不覺得用言語來表示音色差異十分困難嗎？

就有了「傅立葉分析」這種東西！

所以爲了用數學方法研究波的性質，

嗯！
的確……

我簡單說明一下。

傅立葉分析？

如果我們能知道構成一個聲音的「成分」，是不是就能明確表現聲音的性質與差異呢？

比方說……

聲音的成分？

香水

分「甜香」、「柑橘調」等。
但嚴格來說，同樣是柑橘調，
又可以細分各種不同香味吧？

嗯……

聲音也是一樣，每一種
包含的成分不同，各成
分的份量也不同。

「傅立葉轉換」就像是分析香水
中的成分和份量的數學方法！

換成聲音來說，就是
讓我們知道音色原本
的構成元素！

原來如此！

咦？可是

喔喔！

剛才妳不是說「傅立葉分析」嗎？

「傅立葉分析」就是利用「傅立葉轉換」對波進行分析的意思。

傅立葉分析不但能應用在聲音上，還能分析各式各樣的波形。

聲紋分析、

圖像檔壓縮技術、

MRI 的訊號分析等，它的應用範圍相當廣泛唷！

哦～

MRI = Magnetic Resonance Imaging
（核磁共振攝影）

「電子合成器」就是應用這項原理，

「效果器」則是透過變化聲音的成分來改變它的特徵唷！

既然知道它的成分，我們不就可以製作出想要的特定聲音嗎？

也就是說……

？

轟隆！

不懂「傅立葉」

不能說妳懂音樂

啊啊啊啊啊啊！！！

沒有到……

這種程度……

總、總而言之，

妳就教一下這個傅立葉什麼的吧！

可是……

學習傅立葉轉換，必須先懂得三角函數與微積分等作為預備知識唷！

$$\int_a^b x^2 dx = \frac{1}{3}$$

這樣正好……

就是呀！

我們正在頭痛三角函數與微積分，能順便學習也好啊！

13

◆第 1 章◆

邁向傅立葉轉換的道路

♪ 1.聲音與頻率 ♪

首先從文香最喜愛的「聲音」開始說起吧！

喔！

聲音是藉由空氣壓力的變化像波一樣傳遞。

『音壓』

傳遞過程中的壓力變化量稱為「音壓」。

音壓？聽起來好酷！

妳有白板喔⋯⋯

音壓

這是家教老師使用的。

以橫軸代表時間、縱軸代表音壓，將聲音圖像化⋯⋯

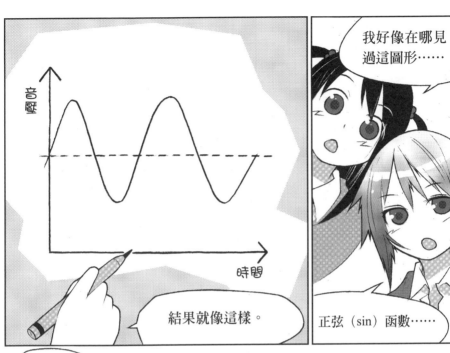

音壓

時間

結果就像這樣。

我好像在哪見過這圖形……

正弦（sin）函數……

沒錯！

就成為正弦函數的圖形。

哇！Sin 快滾！

嗯……關於三角函數，以後慢慢會提到……

例如音叉，

發出最單純的音，
它的波形就像這樣。

喔……

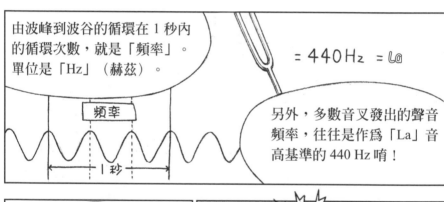

由波峰到波谷的循環在 1 秒內
的循環次數，就是「頻率」。
單位是「Hz」（赫茲）。

頻率

1 秒

= 440 Hz = La

另外，多數音叉發出的聲音
頻率，往往是作為「La」音
高基準的 440 Hz 唷！

頻率不是在

收音機上也有嗎？

收音機使用的是
「放送頻率」，

例如 630 kHz
（千赫茲），
就是電波在 1
秒鐘內振動63
萬次的意思。

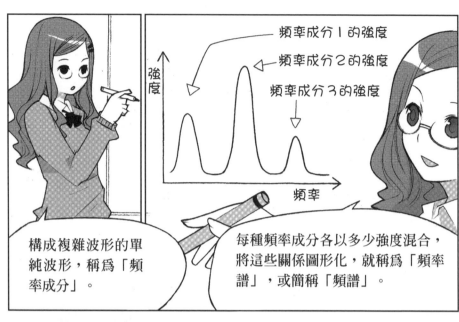

頻率成分 1 的強度

頻率成分 2 的強度

頻率成分 3 的強度

強度

頻率

構成複雜波形的單純波形，稱爲「頻率成分」。

每種頻率成分各以多少強度混合，將這些關係圖形化，就稱爲「頻率譜」，或簡稱「頻譜」。

知道頻譜可以做什麼呢？

知道頻譜後，就可以了解聲音的基本成分啦！

所以就能知道「聲音的成分」嘍？

然後，

以傅立葉轉換分析不同的頻譜，

就稱為「傅立葉分析」。

用傅立葉轉換作傅立葉分析……

如果懂得傅立葉分析的概念，

就可以介紹音樂活動中最具代表性的應用實例——聲音分析嚕！

！

這就是我們學習的目標啦！

♪ 2. 橫波與縱波 ♪

早安～

雖然在此要談的是聲音，但是像「電波」和「光」也是以「波」的形式傳遞。當然人的肉眼不可能看到電或光的「波形」，不過平時我們都說「聲波」、「電波」、「光波」，對它們還是有「波的印象」吧！

對呀！

像「聲波」、「電波」、「光波」這些眼睛看不到的「波」，就得利用儀器轉變成電的「訊號」（電子訊號），然後才能觀測。

吉他的聲音能透過擴大機發出來，這也是將聲波變成電子訊號嗎？

沒錯！雖然正確來說，最終發出聲音的不是擴大機而是喇叭……吉他透過拾音器接收琴弦的振動（聲音微弱），然後轉變成電子訊號。這些電子訊號經過擴大機極度「增幅」，再震動喇叭裡的振動板，進而振動空氣，最後才能以「聲音」的形式傳到人們的耳裡。（圖1-1）

拾音器
接收琴弦的振動，
轉變為電子訊號。

擴大機
增幅電子訊號

喇叭
震動振動板，引發空
氣振動，傳遞聲音。

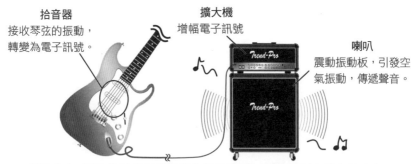

●圖1-1　將吉他弦的振動轉變為電子訊號，再轉為聲音發出的流程

喔！

如果將弦的振動當作一種「訊號」來觀測，可以看到之前我說明聲音例子時所畫的波形唷！
對了，先前我都將「波」當作一種來談，但其實波可以分為「縱波」與「橫波」兩種唷！就從這裡開始談起吧！

哦，原來波還有分種類呀！

很意外吧！我先來說說「電磁波」。運用在廣播和電視播放及手機通訊等的無線電波、可見光，還有熱線（紅外線），它們都是物理性質屬於「電磁波」的同類。這些電磁波傳遞的速度，在真空中大約是每秒 30 萬公里（在空氣中也大致相等）。

我在電視上看過，聲音在空氣中的傳遞速度大概是每秒 340 公尺（在 1 大氣壓、16℃ 狀態下），電磁波比起它來速度快好多唷！

對呀！電磁波是電場與磁場強度的時間變化，它的波傳遞方向與變化方向垂直，所以稱作「橫波」。

什麼意思啊？

現在想像我們坐在電磁波上隨著它向前推進，會發現電場與磁場向「左右」或「上下」如波浪般地變化。附帶一提，電磁波在真空中也可以傳遞唷！（圖 1-2）

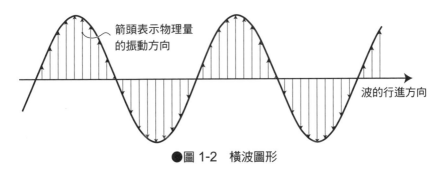

箭頭表示物理量的振動方向

波的行進方向

●圖 1-2　橫波圖形

原來如此……

聲音也是橫波嗎？

妳猜錯嘍！聲音是「縱波」唷！

怎麼說咧？

以聲音來說，聲波是透過空氣的密度一下高一下低來傳遞。也想像一下當我們搭著聲波前進，會發現空氣密度向著自己的前後方變化。像這種波的傳遞方向與變化方向相同的類型，稱為「縱波」。（圖1-3）

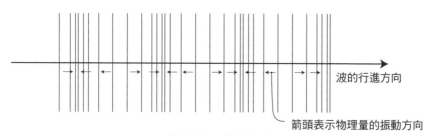

●圖1-3　縱波圖形

縱波的動作好像彈簧唷！

看起來確實挺相似的。具有縱波性質的波，需要能傳遞密度變化的東西，也就是「介質」，因此在真空中無法傳遞。介質不一定要是像空氣這樣的氣體，液體的水或固體的木材、金屬等，都可以傳遞縱波。

嗯！

由於縱波的空氣等介質的密度會順著傳遞方向忽高（變密）忽低（變疏），所以又稱為「疏密波」。若將疏密波的密度變化畫成圖，就可以表示成與橫波一樣的圖形。（圖1-4）

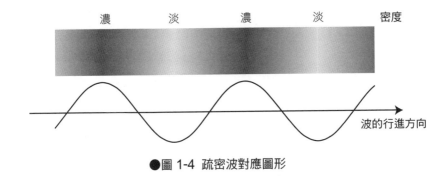

●圖 1-4 疏密波對應圖形

像這樣表現「波」的概念、無關橫波與縱波區別的圖形中,所運用的是「正弦(sin)函數」。整理一下,將「橫波」的電場與磁場相對於行進方向呈上下(左右)的變化值以圖形表示,就是正弦函數;將「縱波(疏密波)」的密度變化值以圖形表示,仍然是正弦函數。

怎麼這裡也有 sin 啊!

嗯!傅立葉轉換與三角函數的關係就是這麼密切。總之,在此只要記得「什麼會變什麼」就好。

一說到波馬上就會令人聯想到的，應該是在池塘等水面上擴散開來的波紋吧？

嗯，沒錯！

想像一下池塘裡漂浮的樹葉。如果我們向池裡丟塊小石頭，「波紋」會以同心圓形狀擴散開來。但是樹葉受到波紋影響時，只會以原地為中心晃一晃，還是停留在一個地方吧！

嗯……好像確實是這樣。

由此可以知道，這個波紋在傳遞中的波峰或波谷行進速度，與水面上某一點的高度上下變化速度，彼此是呈獨立的關係。

就像演唱會中觀眾的波浪舞……

對耶！雖然每位觀眾只是將自己的手舉起又放下，但整體看起來就像是有一股波傳過去一樣。

就是這種感覺。會產生波紋傳遞的現象，並不是造成水面移動，而是這裡的水振動帶動周遭的水振動，這股振動再帶動更周邊的水……藉由這種方式就能將影響傳開來。（圖 1-5）

朝池塘投入一塊小石頭後，水面上出現波紋擴散開來。

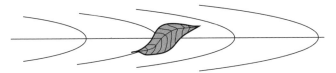

水面的橫切面看來會像這樣，樹葉雖然會上下搖晃，但它的位置卻幾乎不變。

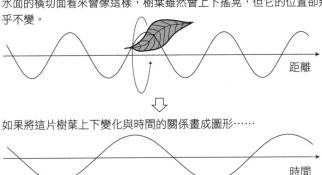

如果將這片樹葉上下變化與時間的關係畫成圖形……

●圖 1-5　受波紋搖晃的樹葉動態與時間變化

原來如此。

所謂波的傳遞，是指波的最前端部分不斷向前推進。那麼我們稱爲「波形」的究竟是指什麼呢？

「波」和「波形」不一樣啊……

是啊！正好，就以妳們提到的波浪舞當作例子吧！波浪舞就是一整列的人按照順序將手舉起又放下，創造出一個「波浪」，對吧？

嗯！

如果我們離這列的人遠遠地看，看來就像舉手的人是「波的頂點」，波就隨著頂點移動而向前推進吧！不過我們若只是專注看其中一人，就只看到這人在適當時間舉起手又放下而已。像這樣只看一個人的動作，將他的手隨時間變化上下擺動的形狀表示出來，稱爲「波形」。（圖 1-6）

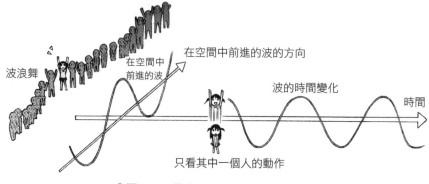

在空間中前進的波的方向

波的時間變化

波浪舞

在空間中
前進的波

只看其中一個人的動作

時間

●圖 1-6　將波看成隨時間的變化

喔喔～

懂了嗎？就像之前所了解的，無論是無線電波（包含光在內的電磁波＝橫波）或聲波（疏密波＝縱波），都可以看作是隨時間變化的「波形」。一般我們觀測得到存在自然界的波形，都不是單純的波形，而是複雜的波形。

複雜……

剛才也曾經提到，理論上可以合成許多種波形來創造出這些複雜的波形。這種以單純的波形合成複雜波形的概念，就是「傅立葉轉換」的根本基礎。

單純……

換句話說，要用頻率多少、強度多少的單純波形才能做出波形合成，解答這問題的數學手法就是「傅立葉轉換」。

傅立葉轉換……

阿鈴今天話好多，好厲害唷！

……噗！（捅文香肚子的聲音）

嗚！

♪ 4. 頻率與振幅 ♪

🙂 了解訊號與波形的概念後,我們就從頻率與振幅開始建立對傅立葉轉換的直覺印象吧!

😀 喔!咦?頻率剛才提過,但振幅是啥啊?

🙂 振幅就是指訊號的高低差距。還有,波形中一組波峰與波谷稱爲「週期」。先前我說過頻率是表示「1 秒內振動次數」,如果換成波形,就可以說它是「1 秒內有多少次週期」。例如,我們看 2Hz 的頻率,會是下面這樣。(圖 1-7)

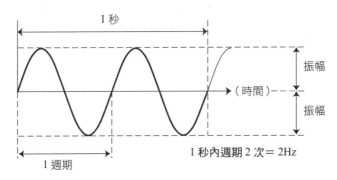

●圖 1-7　2Hz 訊號的週期與振幅圖形

😃 哇!

🙂 另外,所謂「1 週期」,不一定要從高度 0 的位置開始算唷!只要一段波合起來是一組波峰與波谷,就可以看成是「1 週期」。(圖 1-8)

31

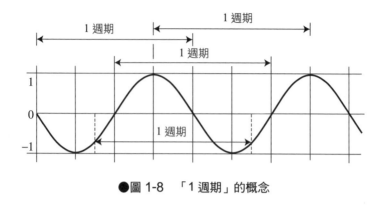

●圖 1-8 「1 週期」的概念

🙂 現在畫出之前提到的 2Hz 訊號的頻譜圖,就是這樣。(圖 1-9)

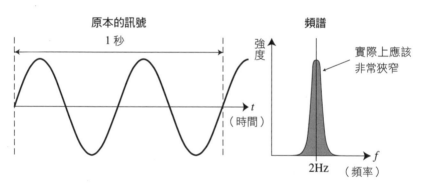

●圖 1-9 以頻譜表示 2Hz 訊號

😀 等於只要在橫軸的 2Hz 標誌上畫上與振幅一樣的高度就好了嘛!

😊 就是這樣♪現在我來說明一下振幅與頻率和我們實際聽到的聲音有什麼關係。振幅大小對應的是聲音大小(強弱)。也就是說,將振幅變小,等於將電視或收音機的音量轉小一樣。這種關係畫成圖形就像這樣。(圖 1-10)

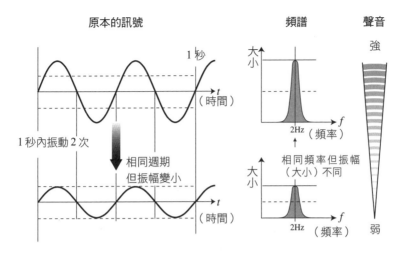

●圖 1-10　2Hz 訊號不同振幅的圖形

頻譜變小等於聲音變弱？

是的♪ 那麼，如果將頻率升高又會如何呢？我們設想有另一個 1 秒內振動 8 次的波形吧！在相同時間內，這個波形波的來回次數是之前那個波形的 4 倍。若是畫出它的頻譜，會在 8Hz 的位置形成一個山峰。所以頻率升高時，就會變成比原本的訊號還要高的聲音。（圖 1-11）

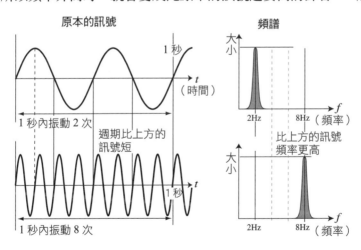

●圖 1-11　2Hz 訊號與 8Hz 訊號的差異

對喔！吉他或貝斯的弦也是細弦比粗弦震動得更快、聲音也更高呢！

如果用力彈琴弦，彈得越用力，弦震動得越劇烈，造成的聲音也更大唷！從這個角度來思考，可以說琴弦振動與訊號的波形有很相似的關聯性。反過來想，為了產生低音，必須讓弦的震動更緩慢點，所以弦也必然要更粗（更重）才行。

哦！原來如此。

我想這樣我們就可以將訊號與頻率的意義與它們在頻譜上表現的形象連結在一起了。但是實際上一般的聲響或歌聲，都是由各種頻率的波形混合而成的複雜形狀。

傅立葉轉換就是要從複雜的波形求出頻譜吧？

沒錯！我就來大略地說明一下這個概念吧！比如說，現在有一個像這樣的複雜波形……（圖 1-12）

●圖 1-12　複雜波形的例子

複雜……

要進行傅立葉轉換，原則上波形都必須有一定的週期才行。因此要從複雜的波形切出一段短的部分，並假設這區間的波形會不斷反覆。

在複雜波形裡如何才能看出週期什麼的呢？

首先要找出其中最大的波，也就是「基本頻率」。複雜的波雖然是由各種不同的頻率所組成，但其中會有一個最基本的頻率。例如我將這個波形切 1 秒鐘出來，再從中切出包含最大波的週期出來，而這就叫「基本週期」。這個波形的 1 週期為 0.5 秒，所以基本週期就是 0.5 秒，基本頻率則是 2Hz。（圖 1-13）

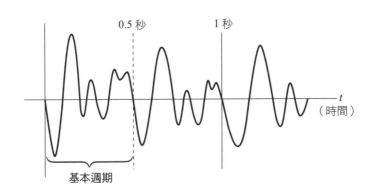

●圖 1-13　基本週期

原來如此……那、知道這些後要作什麼呢？

既然複雜的波形可以分成一段一段，就可以準備分離出其中的各種波形，也就是它的頻率成分。這裡就需要三角函數與積分的知識了。

哇！剛剛曾出現 sin，所以我還想得到與三角函數應該有關，沒想到竟然還要用到積分啊……

現在還不懂沒關係，只要一步一步慢慢來就可以理解唷♪ 等我們知道頻率成分後，就可以求出各成分的大小，然後將它們按照順序一個個畫上圖表，就知道這個波的頻譜了！這就是傅立葉轉換的整個流程。整理起來就是下列這樣。（圖 1-14）

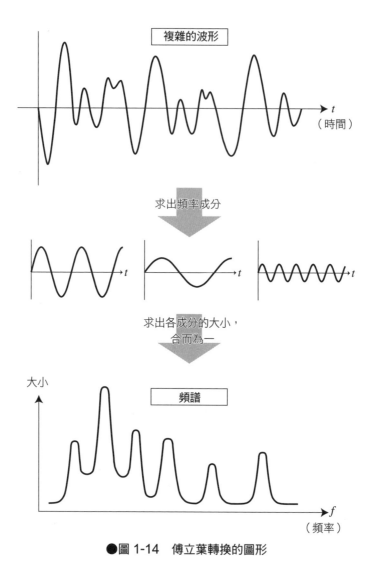

●圖 1-14　傅立葉轉換的圖形

嗯嗯！所以這就是「傅立葉轉換」，而從傅立葉轉換的結果來分析波
形，就是「傅立葉分析」，對吧！

♪ 5. 約瑟夫・傅立葉的發現 ♪

約瑟夫・傅立葉
1768～1830

好，我在這稍微介紹「傅立葉轉換」的歷史由來。

啊！現在要改上歷史課囉！

因為多知道些歷史背景，大家應該會更有興趣，也能有更深的理解。

好啦！妳就說給我們聽吧！

……（嘆氣）

1812 年，法國數學家約瑟夫・傅立葉（1768～1830）在解「熱傳導定律」的相關問題時，發現了傅立葉轉換。

原來傅立葉是人的名字喔！不過，「熱傳導定律」和波有什麼關係？

「熱傳導」是指熱在物質之間傳遞的現象，這是會受到各式各樣因素影響的複雜現象喔！但是傅立葉先生發現，這些複雜的現象其實也是由簡單的現象組合而成。

哦！所以這就連結到複雜的波也是由簡單的波所合成的想法啦！

其實當時傅立葉先生並沒想到要將它應用在波或頻譜上。不過後來因為這項發現又進一步研究，後來才被視為「分析波的性質的數學方法」而普及開來。

嗯！

但是要計算自然界裡各種複雜的波形，工程非常浩大。於是在 1965 年，有人想出了快速傅立葉轉換「FFT」（Fast Fourier Transform）這種方法。FFT 漂亮地結合了三角函數的基本性質，是更有效率的傅立葉轉換方法。由於有了 FFT 加上電腦普及，傅立葉轉換在物理學與工程學領域的應用一下子變得十分廣泛。

與「聲音」沒關係也很有用……

我之前說過，像光線或無線電波等，只要轉變成電子「訊號」就可以觀測它們的波形。換句話說，凡是能以訊號形式觀測的事物，絕大多數都可以應用傅立葉轉換喔！我舉個大家都知道的例子，醫院裡常見的「心電圖」，就是將人們的心臟跳動以「波形」表示出來唷！

哦～原來是這樣！

運用傅立葉轉換，就可以將「聲音訊號」分為「需要的聲音」和「雜音」，只傳送出「需要的聲音」；也可以將「心臟的跳動」轉換成波形，方便醫生判斷出「正常的動作」與「異常的動作」；甚至還可以將「辣」之類的味覺訊息與「甜香」之類的嗅覺訊息轉成電子訊號。這樣妳就能想像傅立葉轉換的應用範圍有多廣泛吧！

傅立葉先生好厲害唷！

♪ 6. 面對傅立葉轉換的數學準備 ♪

如何？

對傅立葉轉換有大概的印象了吧？

點頭

喔！

要了解傅立葉轉換的數學原理，還需要具備一些數學方面的預備知識唷！

嗯……

所以我製作了一張我們在每個階段需要哪些知識的圖表！

啪

沙

啥時做的啊……

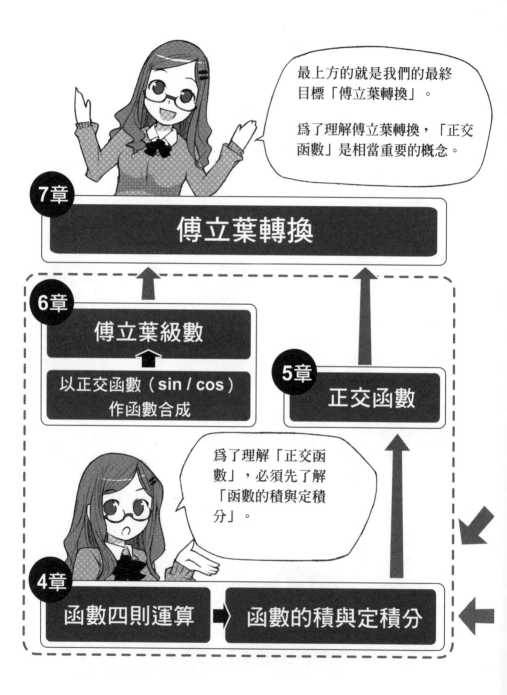

最上方的就是我們的最終目標「傅立葉轉換」。

為了理解傅立葉轉換，「正交函數」是相當重要的概念。

7章 傅立葉轉換

6章 傅立葉級數

以正交函數（sin / cos）作函數合成

5章 正交函數

為了理解「正交函數」，必須先了解「函數的積與定積分」。

4章 函數四則運算 ➡ 函數的積與定積分

要理解「函數的積」，應該要先對「函數四則運算」有一般性的概念。

另外，爲了理解「定積分」，就要先懂得「積分」是什麼。

由於積分又可以視爲「微分的原始函數」，所以也必須先了解「微分」是什麼。

2章

傅立葉轉換必要的函數 Sin 與 Cos ＝ 三角函數

3章

函數的切線（斜率）

積分（原始函數）

積分 {
定積分 ——— 面積・體積
不定積分
}

◆ 第 2 章 ◆

三角函數的概念

啪！

咻！

好……好啦！
我繼續學啦！

噗噗噗噗～

我們在學校裡都學過這些函數吧？

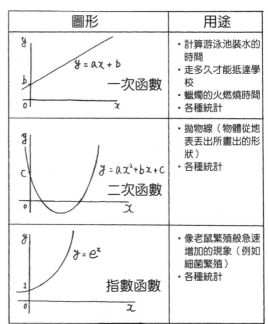

圖形	用途
$y = ax + b$　一次函數	・計算游泳池裝水的時間 ・走多久才能抵達學校 ・蠟燭的火燃燒時間 ・各種統計
$y = ax^2 + bx + c$　二次函數	・拋物線（物體從地表丟出所畫出的形狀） ・各種統計
$y = e^x$　指數函數	・像老鼠繁殖般急速增加的現象（例如細菌繁殖） ・各種統計

好像有印象……

雖然函數有許多種，但與傅立葉轉換有關的只有「sin（正弦）函數」、「cos（餘弦）函數」而已唷！

只有這樣？

還是很難……

是哦……那我舉個簡單的例子來說明吧！三角函數與迴轉運動有密切的關係。例如，我們想像有一個摩天輪好了。

這個摩天輪直徑 20 公尺，6 分鐘轉一圈。

好可愛的摩天輪喔！

轉一圈是 360 度，所以 30 秒轉 30 度（360 度÷（6 分÷30 秒※）），1 分鐘就轉 60 度（30 度÷30 秒※）。

嗯！

※ 30 秒＝ 0.5 分

我們將這個摩天輪座艙高度隨時間的變化畫成圖表吧！

從對應時鐘「3點」的位置開始，每 30 秒記錄座艙高度在圖表。

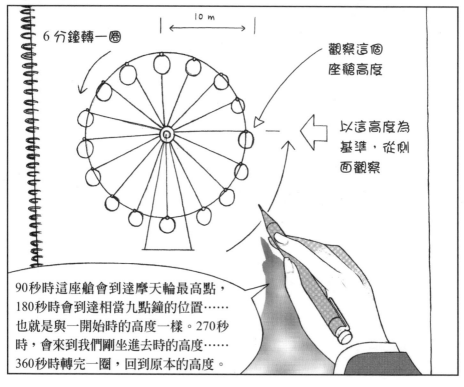

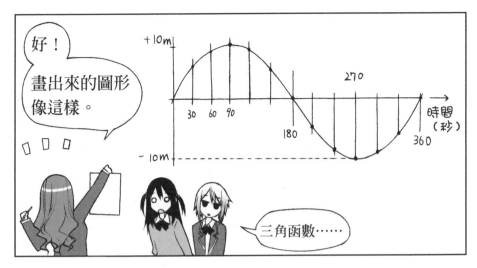

好！

畫出來的圖形像這樣。

□ □ □

三角函數……

沒錯！

這個像波一樣的形狀就是三角函數的圖形！函數指的就是當一邊的值決定後，另一邊也會有一個值這樣的對應關係。

圖形就是將這種對應關係表示成連續的對應結果喔！

在這圖形中，縱軸「高度」會隨橫軸「時間」變化，所以說「高度是時間的函數」。

原來如此！

可是這裡面哪有三角形啊？

問得好！

再觀察一下我們乘坐的座艙吧！

將由摩天輪中心軸的高度水平延伸出去的線當作三角形的底邊，

從我們乘坐的座艙畫一條垂直線過去，就出現一個三角形啦！

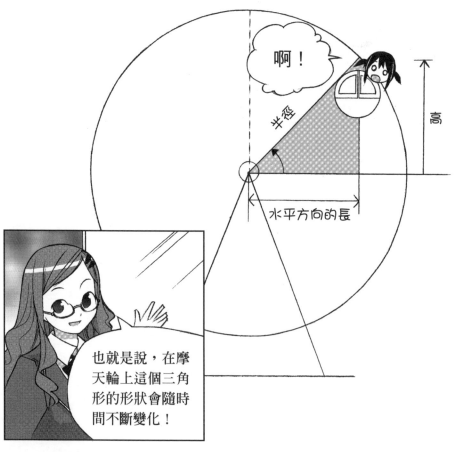

啊！

半徑

高

水平方向的長

也就是說，在摩天輪上這個三角形的形狀會隨時間不斷變化！

原來是這樣啊!

所以,

三角函數的概念並不侷限在「三角」這個詞彙上,

它與「迴轉運動」和「圓」都有極密切的關係。大家要牢記唷!

好的!

真像在上課呢!

♪ 2. 單位圓 ♪

關於角度與長度，若用更數學化一點的方式來稱呼，以後在應用上有許多方便之處。所以我現在先說明一下。

好！

就如剛才的例子中，雖然設定摩天輪的直徑是 20 公尺，但在數學運算上，要不要為長度加上公尺之類的「單位」，並不是很重要。此外，如摩天輪的半徑或圓的半徑，為了計算方便，就將它們的基準全部設為「1」。在實際應用上，可以再代入各式各樣的量值，例如長度或電壓。總而言之，目前我們就將單位基準設為「1」。像這樣半徑定為 1 的圓，就稱為「單位圓」。

半徑 1！真是簡單明瞭。簡單的東西就是好東西！

以更數學化的方式來說，就是以半徑為 1 的圓的圓心為原點，向右畫出 x 軸、向上畫出 y 軸。在此所謂的「軸」，指的是當作圖形基準的直線。另外，有了這些基準，也可以測量角度。這裡畫的單位圓中，半徑上的「1」代表半徑的長度。現在在圓周上取一段與半徑等長的圓弧，它們形成的角度稱為「1 弧度」（radian，簡寫rad.）。（圖 2-1）

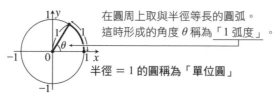

在圓周上取與半徑等長的圓弧。
這時形成的角度 θ 稱為「1 弧度」。

半徑＝1 的圓稱為「單位圓」

●圖 2-1　在單位圓上 1 弧度的概念

弧度？它有什麼作用啊？

在討論三角函數時，這個稱為「弧度」的單位會經常用到唷！這也是因為在半徑為 1 的單位圓裡，角度與圓周長緊密連結在一起，所以使用弧度可以讓各式各樣計算的圖像變得較簡單。

嗯！對了，這個「θ」是什麼啊？

請把 θ（theta）想成是表示「角度」的符號。

就是像「x」和「y」那樣的東西囉！

對了，妳們還記得求圓周長的公式嗎？

……$2\pi r$？

沒錯！π 指的是圓周率，r 則是半徑。換句話說，圓周率（π）就是「直徑」（$2r$）與「圓周長」的比值。單位圓的半徑為 1，所以直徑就是 2，因此圓周長等於 2π。以摩天輪的例子來說，圓周就是一個座艙轉一圈（360 度）的軌跡長度。我們來想想如何用弧度來表示。

在圓周上長度為 1 的圓弧，它所形成的角度就是 1 弧度吧！

沒錯♪ 因為圓周長為 2π，所以用弧度來表示，就會變成 2π 弧度唷！之前我們用度（或是分、秒）來表示角度的單位，都可以用 360 度＝2π 弧度來換算。也就是說，弧度就是用圓周上的長度來表示角度。另外，角度與弧度的對應關係就像下列的表。（表 2-1）

弧度	$\frac{\pi}{6}$	$\frac{\pi}{4}$	$\frac{\pi}{3}$	$\frac{\pi}{2}$	π	2π
角度（度）	30	45	60	90	180	360

●表 2-1　角度與弧度的對應

這好像在切蛋糕唷！

的確。當要將一個圓形的蛋糕切成數等份時，就必須估算好圓周……也就是蛋糕的圓周長，才能切得準吧！概念上確實就是這種感覺。一般大家較不熟悉「弧度」，但在介紹函數時，它卻是猶如函數的「共同規格」般的東西。

♪ 3. 正弦函數 ♪

首先我們來看一下這張圖。（圖 2-2）

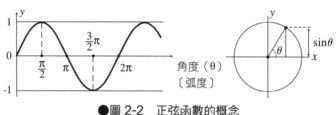

●圖 2-2　正弦函數的概念

請回想一下先前提到摩天輪的例子。當時我們將座艙位置（也就是在圓周上迴轉的某一點）隨著時間形成的高度變化所記錄下來的圖形，就完全和這個一樣吧？

嗯，一樣一樣！都是三角函數唷！

這個形狀稱爲「正弦函數」，或稱爲 sin（sine）函數。現在再來確認一下「函數」這個詞的意義。看這個圖形，橫軸表示「角度」，縱軸表示「單位圓上某一點距離 x 軸的高度」。這也就表示縱軸的值（y）是橫軸（角度）的值（x）的函數。

sin 就是只看三角形的「高度」吧？

是啊！將它與迴轉運動相連結，就會變成剛才圖形上從 $\theta = 0$（迴轉的點正好疊在 x 軸上）開始的正弦函數。以 x 軸爲基準，某個角度（稱爲「底角」）大小爲 θ 時 y 的高度，兩者的關係可以用 $y = \sin \theta$ 的式子來表示。

♪ 4. 餘弦函數 ♪

sin θ 注意的是某一點的高度，也就是 y 的值，而 cos θ 注意的則是 x 的值。

在 θ = 0 的開始點時，這個點投影在 x 軸上的長度，與半徑同樣爲 1。但當 θ 漸漸增大，這個點投影在 x 軸上的位置，就位於從圓心到 cos θ 的長度上。這可以畫成下圖。（圖 2-3）

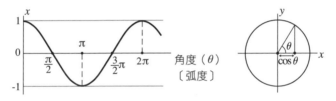

●圖 2-3　餘弦函數

這種關係可以用式子 $x = \cos \theta$ 來表示。相對於 sin θ 看的是投影在 y 軸上的影子，cos θ 則是看 x 軸，所以才會是 $x = \cos \theta$。

這個函數就稱爲「餘弦函數」，或 cos（cosine）函數。

好像 sin 的圖……

沒錯！其實正弦函數與餘弦函數基本上形狀相同。現在試著將 sin θ 與 cos θ 兩個圖形併在一起看看。（圖 2-4）

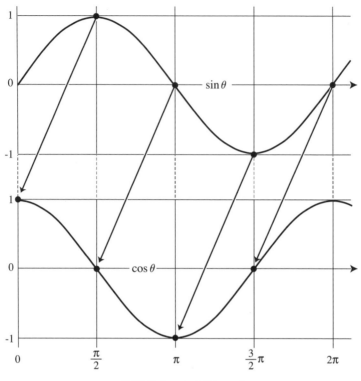

●圖 2-4　$\sin\theta$ 與 $\cos\theta$

哇！看起來眞的差不多耶！

懷疑嗎？

由此我們知道，$\cos\theta$ 只是與 $\sin\theta$ 相差 $\dfrac{\pi}{2}$ 而已，兩者的波形相同。這是因爲 sin 對應的是 y 軸，cos 對應的是 x 軸，但只要其中之一調整 $\dfrac{\pi}{2}$（90 度），我們就可以直覺地知道它們兩個會變成等價的狀態。

♪5. 參數式與圓的方程式 ♪

也就是說
$x^2 + y^2 = r^2$

當點在這個單位圓上移動時，圓周上所有點的位置都可以根據底角 θ 表示為：

$x = \cos \theta$

$y = \sin \theta$

這種寫法，就稱為以 θ 為參數的「參數式」。這部分也是三角函數的重要應用。

參數式？

所謂參數式，就是當有了 θ，再利用 $x = \cos \theta$ 和 $y = \sin \theta$，就可以找到一個特定的點的方式。

現在，只要給一個 θ，再來計算 $x = \cos \theta$ 和 $y = \sin \theta$，就能在 $x - y$ 平面上得到一組座標 (x, y) 的「點」。如果改變 θ，又可以得到其他許多相對應的 (x, y) 組合。也就是說，如果將所有 θ 都算過一遍，得到的這些 (x, y) 點的集合，就可以表現出「圓」這個函數（呈現圓周上所有的點）。

在國中之前的數學裡，函數只有「$y = $……」這種只寫一行的式子，但在這裡的函數要用兩行式子（兩式子都含有 θ）才能表示，這是它的特徵。

原來這也和「圓」有關係啊……

那麼，妳還記得「圓的方程式」嗎？

嗯～課本裡有……可是我只記得這樣而已耶！

是 $x^2 + y^2 = r^2$，要記住唷！

好像有點印象啦！

圓可以看作是與某一點距離相同的所有點的集合，其中每一個點都符合圓的方程式。

這有什麼作用呢？

來把之前說的「參數式」代進圓的方程式。因為現在我們用的是半徑（r）為 1 的單位圓，所以這式子要分別代入 $x = \cos\theta$、$y = \sin\theta$，還有 $r = 1$，就變成——

圓的方程式

$x^2 + y^2 = r^2$

$\Rightarrow \cos^2\theta + \sin^2\theta = 1^2$

這也是十分重要的等式唷！

在此，$\sin^2\theta$ 是代表 $(\sin\theta)^2$，$\cos^2\theta$ 則代表 $(\cos\theta)^2$。

這要做什麼呀？

這樣我們就可以透過三角函數來驗證「畢式定理」了！

嗯～畢氏定理是什麼啊？

畢氏定理又稱為「勾股弦定理」。它的內容是將一個直角三角形三邊長設為 a、b、c，當 $\angle C = 90$ 度時，會成立下列的關係：

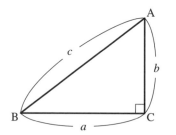

$a^2 + b^2 = c^2$

數學真是神奇啊！

這就是數學的魅力所在呀♪以參數式表示，就是 $x = \cos\theta$ 和 $y = \sin\theta$ 囉！可以將 $\cos\theta$ 視為三角形的底邊，$\sin\theta$ 則是高度（回想一下摩天輪的例子）。因此可以知道，之前計算求出來的 $\cos^2\theta + \sin^2\theta = 1^2$，其實也和 $a^2 + b^2 = c^2$ 是相同的等式。

啊～原來如此。

我們對圓周上的迴轉運動所進行的探討，藉由定理與參數式，可以轉換成三角形的比例的概念。

對喔！我想起來了，學校上課時講到三角函數，也是先從三角形的比例開始說起……

妳竟然有在聽課耶！

妳好過份……我可都是很認真聽課耶！

只是會偷戴耳機聽音樂……

呵呵呵！不過，課本中對三角函數的解說，確實是將直角三角形的斜邊（c）、底邊（a）、高度（b）和底角 θ 的關係，當作是一種靜止（或說時間變化一瞬間停止）的狀態來處理，定義為：

$\sin\theta = \dfrac{b}{c}$：$\theta$ 的正弦（Sine）

$\cos\theta = \dfrac{a}{c}$：$\theta$ 的餘弦（Cosine）

$\tan\theta = \dfrac{b}{a}$：$\theta$ 的正切（Tangent）

然後再依邊長比例計算角度，以此介紹三角函數的定義。（圖 2-5）

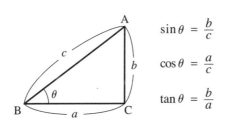

●圖 2-5　三角函數的定義

對對對！就是這個！

單位圓的半徑 r，可以代換爲上述三角形的 c（斜邊）。這也就是說，$c = 1$，從這定義又可以再推導出「$\sin \theta = b$（高度）」與「$\cos \theta = a$（底邊）」。

但是要處理像聲波這種會隨時間變化的物理量的關係時，將 θ 視爲會隨時間變化，會比較容易理解。

嗯！

♪6. 將時間變化量代入三角函數♪

在探討三角函數時，其中的變數 θ 代表角度，它不像長度（單位 m：公尺）、時間（單位 s：秒）、重量（單位 kg：公斤）等帶有一個單位。應該說，它不能擁有任何物理的單位。

咦？爲什麼不能有物理的單位？

我們日常生活週遭的各種量，都有像 m（公尺：長度）、kg（公斤：重量）、s（秒：時間）、A（安培：電流）等的物理單位。但是角度（弧度）和這些物理單位沒有直接關聯，它只是一個輔助的角色。因此就沒有像 sin（4 公里）或 cos（3 秒）這樣的表示法。

嘿！原來是這樣。

但是傅立葉轉換處理的是會隨時間變化的事物，沒有單位也實在不方便。所以還是得讓變數 θ 像是有一個物理的單位才好。

不能隨便加個「5 西塔」之類的嗎？

如果不具有物理的意義，只是加個名詞也沒有用啊！要讓角度變數 θ 具有物理單位，必須腦筋轉一下彎。具體來說，只要加的是「每秒（s）前進／迴轉了○○弧度（rad）」這樣的單位，那就可以！

啊！只要知道前進／迴轉多遠，自然就知道角度（θ）了嘛！所以變數 θ 不是物理單位，但「每秒前進／迴轉○○弧度」是物理單位囉！

是的♪代表具有這個單位變數的文字，在物理學和電子工程方面是使用「ω」（omega）。這個物理量ω稱爲「角速度」。一般表示速度的單位是每秒○○公尺（m/s），因此可以聯想到角度也有一個每秒○○弧度（rad/s）的角速度單位。所以對角速度也有「快、慢」這樣的說法唷！

這麼說來，先前我們將摩天輪比作圓時，說 6 分鐘（360 秒）轉 1 圈（360 度 $= 2\pi$），所以它的速度是「每秒 $\frac{\pi}{180}$ 弧度（rad/s）」嗎？

妳抓到那種感覺囉♪感覺上，有物理單位的事物好像較容易理解喔！換另一種方式來看，角度的時間變化可以看成是在圓周上迴轉的點的「迴轉速度」，也可以說是「每秒○○迴轉」。如果這樣看時，ω 就稱爲「角頻率」。「角頻率」和「頻率」有密切的關係。

喔喔！頻率出場了！

總括來說，ω（rad/s）與 t（s）相乘的量「ωt」具有與角度相關的物理意義，因此可以運用在三角函數的變數上。用這種方式，其他隨時間變化的量（如 x 或 y），都可以改用角度單位（rad）去處理。

像是「單位」，卻又不是「單位」，這眞是非常神祕的東西咧！

……

我想到一個新單位「Rin」喔！

這、這是什麼意思啊？

表示沉默寡言的單位呀！今天阿鈴差不多 92 Rin 吧？

…… 噗！（捅文香肚子的聲音）

嗚！

♪ 7. ω*t* 與三角函數 ♪

抖抖

我們換個方向，來思考 sin ω*t* 代表的意義吧！

如果 ω 保持固定，sin ω*t* 就可以看成是 *t* 的函數。

所以 sin ω*t* 的函數關聯性，是由 t 決定……最後畫出的圖形會與以固定速度振動的「正弦函數」的形狀相同。

嗯？怎麼說？

這麼說吧！

在圓周上的某一點以 ω*t* 的弧度迴轉……

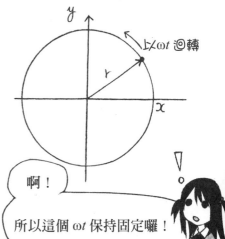

以 ω*t* 迴轉

r

啊！

所以這個 ω*t* 保持固定囉！

65

如果將時間（t）當作橫軸、y的位置當作縱軸畫為圖形，

正弦函數……

原來如此……

上一張圖是以 ωt 的 t（時間）當橫軸，這張圖則是以 ω 當作橫軸。

咦，

竟然變成一根棒子了……

因為 ω＝一定值，只要 ω 固定是某個值，畫與半徑一樣長的圖形就好。

嗯！

原來
也是圖形啊！

現在再設想有 3 個圓，在各圓周上迴轉的點，它們的速度都各不相同。

慢速

中速

快速

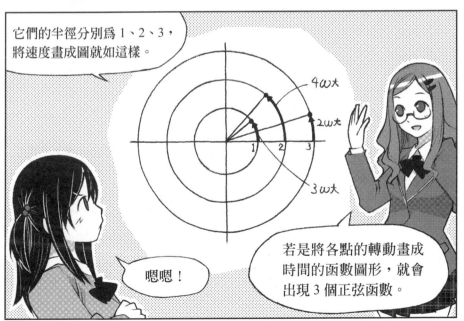

它們的半徑分別為 1、2、3，將速度畫成圖就如這樣。

4ω大

2ω大

3ω大

嗯嗯！

若是將各點的轉動畫成時間的函數圖形，就會出現 3 個正弦函數。

喔！
波形一下子就變成頻譜了！

但是，

我先前也說過，進行傅立葉轉換的條件是要有固定週期，

可是許多自然界現象並不一定是這樣。

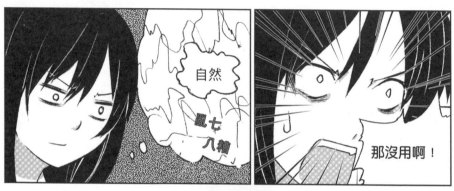

自然

亂七八糟

那沒用啊！

遇到這種情況，就只好將該現象分割成較短時間，然後才能將這段時間範圍內的現象當作週期性的反覆現象，再來算它的頻譜。不過，

這些以後再說！

今天就先講到這裡吧！

謝謝——
感謝惠理奈老師！！

71

……

正是！！

海報？

……

拓

將這張貼在校園裡，一定會有大票大票的人來應徵啦！

希望

我們就不用擔心啦！

猴子？

是企鵝吧！

◆第 3 章◆

積分與微分的概念

♪1. 積分的概念♪

哇——

呀——

實在是……

妳也不須連坐雲霄飛車 12 次吧……

太棒了～～！！

唷！
妳們真是的，

不然先休息一下吧！

本來

這……是沒錯啦！

那就一邊休息、一邊聽我說明吧！

是因爲惠理奈說這次要學的內容與雲霄飛車有關……

冰淇淋來囉～

不想上課

這次要說的是積分和微分。

sin + cos

不過，

我只會以了解「傅立葉轉換」所必要的三角函數 sin 和 cos 爲主來作說明。

好啦！說簡短點唷！

對喔！

妳說過積分也與傅立葉轉換有關耶！

要進行「傅立葉轉換」，

將三角函數相乘作積分

得將「三角函數」相乘，這就必須用到「積分」唷！

然後，

為了理解積分的概念，

微分

積分

妳也必須懂得與積分互爲表裡的「微分」才行。

好多好複雜的東西唷！

雖然一般教科書都先介紹微分，

① 微分

但這次爲了容易理解，我從積分開始說明。

這樣是不錯，

但積分和雲霄飛車有什麼關係啊？

我們就看一下前方的雲霄飛車吧！

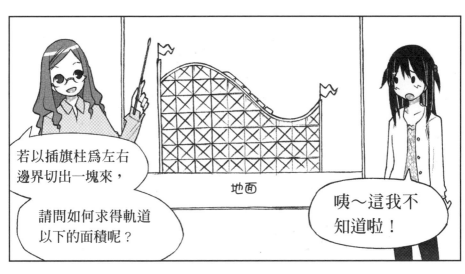

若以插旗柱為左右邊界切出一塊來，

請問如何求得軌道以下的面積呢？

地面

咦～這我不知道啦！

這就要用積分來搞定啦！

積分

啪

當然，既然是面積，

即使再複雜的形狀，也必須是上下左右封閉的。

在此，地面和軌道圍上下，

上

左

右

下

插旗的柱子則是圍著左右囉！

一下子就作複雜的曲線可能很難理解，

我們就先從非～～～常簡單的例子開始說明吧！

首先，

來求以函數「$y = 1$」與 x 軸圍起的範圍中，

從 $x = 0$ 到 $x = 3$ 的長方形面積吧！

完成

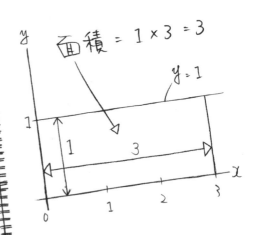

這是高＝1、長＝3的長方形，所以馬上就能算出面積是 $1 \times 3 = 3$。

嗯嗯！

同樣地，
若算到 $x = 5$，
面積就是5，

$y = 1$ 與 x 軸之間，從 $x = 0$ 到某個 x 值所圍成的長方形面積，會和 x 的值一樣。

對耶！

不過聽起來好理所當然唷！

這就是定積分的基礎部分！

剛才的計算，

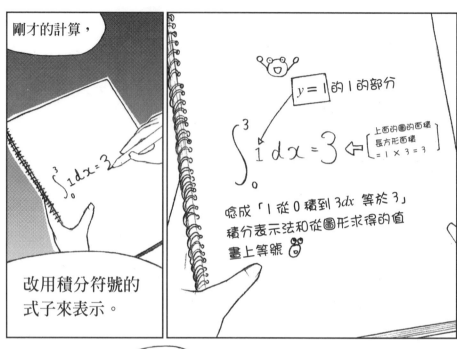

$y = 1$ 的 1 的部分

$$\int_0^3 1\,dx = 3$$

上面的圖的面積
長方形面積
$= 1 \times 3 = 3$

唸成「1 從 0 積到 3 dx 等於 3」
積分表示法和從圖形求得的值
畫上等號

改用積分符號的
式子來表示。

喔～

這式子表示「對
$y = 1$ 這函數從 $x = 0$
到 $x = 3$ 作定積分，

面積就會是 3」
的意思。

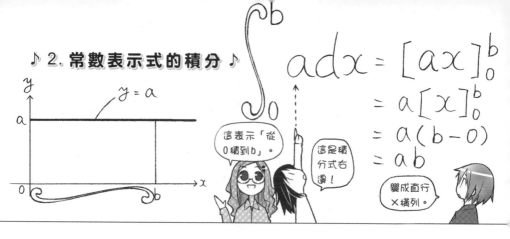

積分又分為現在要說明的「定積分」，以及後面會講解的與微分有關
的「不定積分」。定積分是實際地將要積分的區域分割出來計算的方
法，求得的值是如面積這樣確定的值（答案會是一個數值）；另一方
面，在不定積分中，函數所求得的最終答案不是一個固定的數值。我
們在學校裡是先從不定積分開始學。當然，要是能懂得不定積分，自
然就能理解定積分。

但是定積分與求面積問題密切相關，如果能建立這個概念，即使不懂
不定積分也沒關係。現在我們就來看對函數 $y = a$ 從 $x = 0$ 到 $x = b$（a
和 b 都是正的常數）的定積分，這面積馬上就知道是 $a \times b$。

就是直接求長方形面積吧！

若寫成積分的方式，就像下列這樣。（圖 3-1）

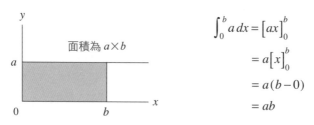

●圖 3-1　將 $y = a, x = b$ 代入積分公式

現在我具體說明一下這式子。式子最左邊開始部分的意思是：「對函
數 $y = a$，在 x 上（意思是沿著 x 的方向）從 0 開始作定積分到 b」。

這個將 S 上下拉長的符號，唸作「integral」，意思是「將後面的式子作積分」。在這符號的上方和下方寫著小小的文字或數字（在此是寫 0 和 b），代表積分的區間，下方的是區間起點，上方的是區間終點。

那「dx」又是什麼呢？

d 是代表「一小段」的意思，所以 dx 可以想成是「一小段 x」。積分就是將一小段、一小段累加起來，藉此求得全體面積的計算方式唷！

原來如此……

因為這裡的 a 是一個常數，它對 x 的積分就是 ax。為什麼 a 對 x 方向的積分等於 ax 的理由，待會談到與微分的關聯時再作說明。現在只要知道將 ax 寫在方括弧中（①），再將積分區間直接寫在方括弧右側就好（②）。接下來，將常數 a 移到括弧外，這是為將定積分區間代入變數 x 做準備（③）。然後將積分區間代入 x 裡。先代入終點（位於積分符號上方）的值（④），再減去代入起點（位於積分符號下方）的值（⑤）。（圖 3-2）

$$\int_0^b a\,dx = \overset{①}{\left[ax\right]_0^b}\ \overset{※}{\overset{②}{\longleftarrow}}$$
$$= \overset{③}{a}\left[x\right]_0^b$$
$$= \overset{④\quad⑤}{a(b-0)}$$
$$= ab$$

●圖 3-2　$y = a, x = b$ 的積分計算步驟

好複雜唷！

靜下心慢慢作，就可以算出來唷♪
另外，$y = a$ 可以看成是 $y = a \times x^0 = a \times 1$（回想一下，任何數字的 0 次方都是 1）。像這樣的式子，就稱為「常數表示式」。如果對常數表示式作積分，會變成像 $y = ax$ 這樣的「一次函數」，這點要注意唷！

※ a 對 x 作不定積分時，嚴格來說會變成 $ax + C$（C 為常數）的形式，但在此談的是定積分，因此可以不考慮 C 這一項。

♪3. 一次函數的積分♪

我們再來看另一個例子。這次是要積分 $y = x$ 這種一次式的函數。這式子在平面上表示成通過原點的直線唷！（圖 3-3）

現在要求的就是這個代表 $y = x$ 的斜直線與 x 軸所夾範圍內，從 $x = 0$ 到 $x = 1$ 的區間面積。由於 $x = 1$ 時 $y = 1$，所求的面積能輕易地以三角形面積來計算。妳們還記得三角形面積的公式嗎？

嗯……「底乘高除以二」？

答對了！計算一下，答案是——

$$1 \times 1 \div 2 = \frac{1}{2}$$

那麼，$x = 2$ 時又是如何呢？

$2 \times 2 \div 2 = 2$

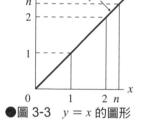

●圖 3-3　$y = x$ 的圖形

沒錯！也就是說，$y = x$ 這個函數與 x 軸所夾的從 $x = 0$ 到 $x = n$ 的區間形成的三角形面積是 $n \times n \div 2 = n^2 \times \frac{1}{2} = \frac{n^2}{2}$。所以將 $y = x$ 對 x 作積分，就變成 $\frac{x^2}{2}$。如同對常數表示式積分會變成一次函數，若用定積分求 $y = x$ 與 x 軸所夾的面積，解出的式子就是二次函數。

哇～好神奇唷！

另外，一般大家就像這裡說明的，常有「積分＝求面積」的印象。但嚴格來說，這只是因為積分的某些性質用來求面積特別方便而已。不過雖然積分本身的數學非常深奧，我們只要學習會運用在傅立葉轉換

上的一小部分就OK囉!

所以我們是將積分當作實際解傅立葉轉換的計算工具嗎?

就是這樣♪ 現在我們來看看,在這條斜線與 x 軸所夾的範圍內,如果我們要求的是從 $x = a$ 到 $x = b$ 這個梯形的面積,要怎麼做呢?這裡的 a 和 b 都是正的常數。(圖 3-4)

嗯⋯⋯是不是將算到 b 的大三角形減去算到 a 的小三角形,就可以知道啦?(圖 3-5)

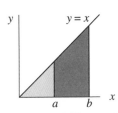

●圖 3-4　求從 $x = a$ 到 $x = b$ 的梯形面積

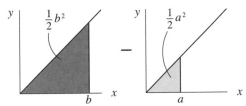

●圖 3-5　算到 b 的面積減去算到 a 的面積

答對了〜♪ 只要將算到 b 的三角形面積減去算到 a 的三角形面積就成了。所以梯形面積是 $\dfrac{1}{2}(b^2 - a^2)$。

原來如此!

寫成積分的方式,就像下列這樣。

$$\int_a^b x \, dx = \left[\frac{1}{2}x^2\right]_a^b = \frac{1}{2}(b^2 - a^2)$$

這式子的最左邊是「將 $y = x$ 從 a 到 b 對 x 作定積分」的意思。右邊則表示計算的步驟:方括弧中寫的是相當於左邊積分的 $\dfrac{x^2}{2}$,括弧右側(外側)的上下端則寫上與左邊相同的數值。在最後的式子中,$\dfrac{1}{2}$ 因為是常數,所以提到括弧外,然後代入區間上端的值(b)減去代入區間下端的值(a),這樣就完成定積分的計算了。

原來這也能用積分公式來表示唷!結果它剛好等於 b 三角形面積減去 a 三角形面積的計算式呢!

$$\int_a^b x^2\, dx = \left[\frac{1}{3}x^3\right]_a^b$$
$$= \frac{1}{3}\left[x^3\right]_a^b = \frac{1}{3}\left(b^3 - a^3\right)$$

$$\int_a^b x^3\, dx = \left[\frac{1}{4}x^4\right]_a^b$$
$$= \frac{1}{4}\left[x^4\right]_a^b = \frac{1}{4}\left(b^4 - a^4\right)$$

到這裡，我已經將常數函數（x 的 0 次式）和一次函數（x 的一次式）簡單介紹一遍。也就是說，假設 x 的次方（就是 x 自乘次數）為 n，我們已經明白 $n = 0$ 和 $n = 1$ 時的積分狀況了。那 $y = x^n$ 時又會是如何呢？來推測一下吧！

我一下子理不出頭緒耶！

一邊整理一邊來想吧！首先，一開始的常數表示式 $y = a$（$y = a \times x^0$）對應的是 $n = 0$，它對 x 的積分形式是 $1 \times a \times x^1$（$= ax$）。（圖 3-6）

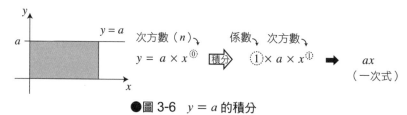

●圖 3-6　$y = a$ 的積分

再來，$y = x$（$= x^1$）的積分，從圖形來看它的面積的關係，就會得到 $\frac{1}{2} \times x^2$ 的形式。（圖 3-7）

●圖 3-7　$y = x$ 的積分

根據這些，我們來推測一下 $y = x^n$ 的積分形式吧！

嗯……

$n = 0$ 時，x 前方的係數是 1（$= \frac{1}{1}$），$n = 1$ 時則是 $\frac{1}{2}$，所以硬著類推一下，整個 n 的情況下積分的係數是……

$\frac{1}{n+1}$ 吧……（圖 3-8）

$$n=0 \quad \xrightarrow[\substack{x \text{ 前方的係數}}]{\text{的時候}} \quad 1\left(\frac{1}{1}\right) \quad\quad n=1 \quad \xrightarrow[\substack{x \text{ 前方的係數}}]{\text{的時候}} \quad \frac{1}{2} \quad\quad \substack{\text{照這樣來推測} \\ \text{整個 } n \text{ 的情況下……}} \quad \frac{1}{n+1}$$

●圖 3-8　類推整個 n 的情況下的係數

答對了！好像在玩搶答遊戲唷！x 的次方數，也可以根據 $n = 0$ 時積分為 x^1、$n = 1$ 時積分為 x^2……來類推，整個 n 的情況下的指數是 x^{n+1}。（圖 3-9）

$$n=0 \quad \xrightarrow[\substack{x \text{ 的次方數是}}]{\text{的時候}} \quad x^{①} \quad\quad n=1 \quad \xrightarrow[\substack{x \text{ 的次方數是}}]{\text{的時候}} \quad x^{②} \quad\quad \substack{\text{照這樣來推測} \\ \text{整個 } n \text{ 的情況下……}} \quad x^{⑴⁺¹}$$

●圖 3-9　類推整個 n 的情況下 x 的指數

原來是這樣啊！

總而言之，對 $y = x^n$ 這種形式的函數作積分，積分所得的函數形式是：

$$y = x^n \quad \boxed{\text{積分}} \Rightarrow \quad \frac{1}{n+1} x^{n+1}$$

雖然這樣從一、兩個例題來推測全體，而且又不加證明，就數學上來說是有欠嚴謹啦……

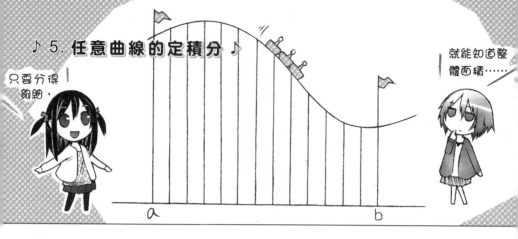

只要分得夠細，

就能知道整體面積……

😊 我們再回頭談雲霄飛車吧！

😮 喔！原來還會講到雲霄飛車啊……

😊 比方說，如果柱子和柱子的間隔設為1公尺，在這個間隔內計算高度，就可以求出柱子和柱子間所夾的面積大小。每個間隔都算過一遍再全部相加，就可以求出大概的整體面積了。（圖3-10）

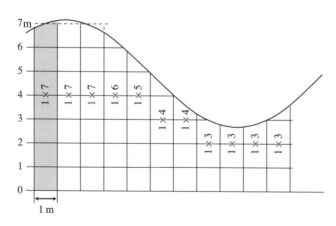

$=1 \times 7 + 1 \times 7 + 1 \times 7 + 1 \times 6 + 1 \times 5 + 1 \times 4 + 1 \times 4 + 1 \times 3 + 1 \times 3 + 1 \times 3 + 1 \times 3$

像這樣算出各分隔區域的面積，合計後就是整體面積。

●圖3-10　計算間距1公尺的面積並合計

的確，粗略地計算就是這樣吧！

如果將柱子和柱子的間距越縮越小，就可以求出正確的面積了。這是「教科書裡的」定積分的形象。

原來如此！不過，計算起來可麻煩啦～

對啊！所以這個方法實際上都是用在無法以數學式（數學函數）表示、必須動用電腦來計算的情況。

電腦時代已經來啦！

來什麼來……

但是在所求面積可以用簡單的數學式表示的情況，只要懂得概念，不用電腦也可以算得出來。簡單數學式的定積分，就可以簡單地計算出來。

♪ 6. 切線的概念 ♪

好了，現在我們對積分已經有了大致的印象，可以來說明微分了。微分實際上就是積分的反運算。

反運算？

就是往反方向運算的意思。舉個簡單的例子——
2乘以5等於10　如果這樣求解的步驟是「正運算」
10除以5等於2　則這樣求解的步驟就是「反運算」

我懂了。

也就是說——
對A積分的結果為B時，
對B微分就會得到A，兩者存在這樣的關係。
當然即使不提微分和積分的關聯，也可以建立對微分的概念。我就先來說明一下微分的基本概念「函數切線」。

函數切線？

在函數上某個點的切線，就是指切過這個點的直線。在此我們想知道的是這條切線的斜率。妳們回想一下，直線的斜率公式是：

縱的變化 ÷ 橫的變化

等一下！等一下！「切過這個點的直線斜率」是啥？點也會變斜嗎？到底是線還是點啊？哪個是哪個啊～？

冷靜一下嘛～我舉個容易想像的具體例子好了。

假設這裡有沿著複雜曲線蓋成一階一階的樓梯。設某一階的角是A、下一階的角是B。這樣階梯便有「縱的變化」和「橫的變化」，於是連接A和B的直線就有了「斜率」。（圖3-11）

●圖 3-11　利用樓梯理解斜率的概念

當A和B越來越接近，樓梯的寬度就越來越窄。到最後A和B重疊在一起，此時這個AB連線的極限就是「切線」。這條切線的縱向（垂直方向）變化大小除以橫向（水平方向）變化大小，所得到的值就是「切線斜率」。

原來如此！好像真的是又像點、又像線的東西耶⋯⋯

要解微分，就非得用這「切線斜率」不可！

不是才說「微分是積分的反運算」嗎⋯⋯

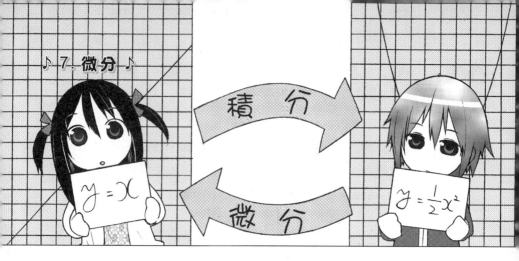

♪ 7. 微分 ♪

現在請妳們回想一下之前說過的，對直線（一次函數）積分就會變成二次函數。

咦？這有什麼關係嗎？

積分的反運算是微分，這也就表示對二次函數微分會變一次函數唷！
之前說明積分時已經見到，如果對 $y = x$ 積分，會變成 $\frac{1}{2}x^2$；所以倒過來想，當對 $y = \frac{1}{2}x^2$ 微分時，就會變成 x。

原來如此！

回想一下積分形式是：

$$y = x^n \quad \boxed{積分} \quad \frac{1}{n+1}x^{n+1}$$

依這個關係反推，就可以求出 $y = x^2$ 和 $y = x^3$ 的微分了。（圖 3-12）

這部分由於是 $\frac{1}{1}$，所以要乘以 2

$\boxed{y = x^2}$ $\quad y = \frac{1}{\underset{n}{①+1}} \times ② \times x^{①+1}$ $\quad \boxed{微分} \quad ② x^{①=n}$

- -

$\boxed{y = x^3}$ $\quad y = \frac{1}{\underset{n}{②+1}} \times ③ \times x^{②+1}$ $\quad \boxed{微分} \quad ③ x^{②=n}$

●圖 3-12　從積分反推 $y = x^2$ 與 $y = x^3$ 的微分

所以只要將積分的式子反向來看，就可以求微分啦！

是呀！但如果每次都要這樣思考，未免太辛苦了，我們可以從上面的圖像導出一項法則。$y = x^2$ 的微分結果是 $y = 2x$，$y = x^3$ 的微分結果是 $y = 3x^2$，所以對 $y = x^n$ 這種形式的函數作微分，微分所得的函數會是下列這樣的關係：

$$y = x^{n+1} \quad \boxed{微分} \Rightarrow \quad (n+1)x^n$$

或者把 n 換成（$n-1$）

$$y = x^n \quad \boxed{微分} \Rightarrow \quad nx^{n-1}$$

哇～真是乾淨俐落！

我們就以這為基礎來解析二次函數 $y = x^2$ 的切線吧！先前已經確認過對 $y = x^2$ 微分的結果是 $2x$。由於微分的結果會是求斜率用的函數，所以就將 x 的座標代入這個式子來求斜率吧！若將 $x = 1$ 代入式子中，得到的結果是 2；代入 $x = 2$ 時，斜率 n 是 4，由此可知這兩點的切線斜率分別是 2 及 4。（圖 3-13）

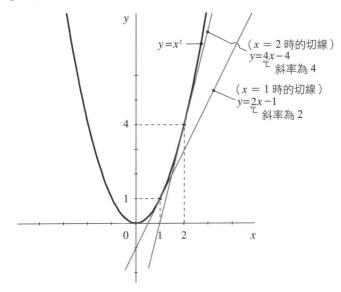

●圖 3-13　$y = x^2$ 的切線斜率

我們看著這張圖發揮一下想像力，好像可以說函數 $y = x^2$ 的切線斜率的式子，就是將 x 的值變爲 2 倍的感覺。

嗯！感覺是很像。

這切線的式子是這樣寫：

$$\frac{d}{dx} x^2 = 2x$$

或

$$(x^2)' = 2x$$

解出結果的式子中，$2x$ 也是 x 的函數，稱爲原來式子的「導函數」。

$(x^2)'$ 是什麼？

(　)' 是代表「作微分」的符號。$y = f(x)$ 的微分應寫成 $\frac{d}{dx} f(x)$，爲了方便簡單，有時寫成 (　)'。(　)' 唸「dash」或「prime」，但說成「……的微分」會更明顯易懂唷！

所以寫成 $(x^2)'$，就表示是「x^2的微分」……

另外，大部分的微分都可以根據函數來計算，但積分光是看函數不一定能馬上算出來。不過由於積分是微分的反運算，因此若知道微分的結果，當然要求出積分就變得很容易。當我們知道某一函數是另外某個原本的函數微分後的結果，這原本的函數就稱爲「原始函數」。在定積分計算裡寫在方括弧中的函數，就是這種原始函數。另外，如果要求出原始函數，就必須用到不定積分。

「不定積分」又出現啦～

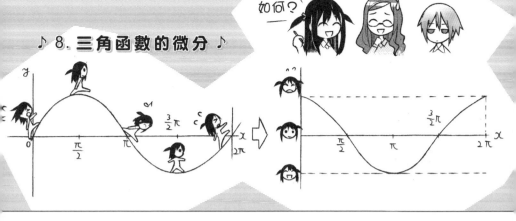

現在我們來分析正弦函數的微分吧！

正弦函數的微分……這就是看正弦函數各點的切線斜率是多少吧？

沒錯♪首先來看 $y = \sin x$ 這個函數吧！當 $x = 0$ 時，切線斜率是+1；隨著 x 值愈來愈大，斜率會變得愈來愈小。也就是說，微分的值會隨著 x 增加而緩緩地變小。（圖3-14）

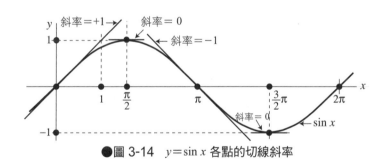

●圖 3-14　$y = \sin x$ 各點的切線斜率

當 $x = \dfrac{\pi}{2}$，切線斜率變成 0；隨著 x 繼續增加，切線開始往右下傾，此時斜率變成負值且傾斜愈來愈大（負向傾斜越大則斜率數值越小）；到了 $x = \pi$，斜率達到最大（−1）。當 $x = \dfrac{3\pi}{2}$，斜率又變成 0；之後斜率再次轉成正值；到了 $x = 2\pi$，斜率變成+1。斜率就以這種方式反覆變化。現在將這種斜率變化畫成圖形。（圖3-15）

95

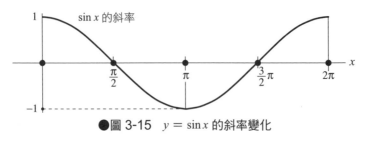

●圖 3-15　$y = \sin x$ 的斜率變化

這樣又變成「波形」了呢！

之前我曾提到摩天輪的例子，現在我們可以回想一下剛才真的乘坐摩天輪的情況。

是在玩雲霄飛車之前坐的～。

嗯……

「斜率變化」就如我們之前所見，並不是固定的。如果從摩天輪中軸的高度來看座艙移動，一開始座艙會緩緩升高，但越接近頂端速度就越慢；到了頂點那一瞬間高度不再變化。之後高度又緩緩下降，到了與中軸同高時下降速度最快；再往最底下前進時，高度變化程度又會越來越小。（圖 3-16）

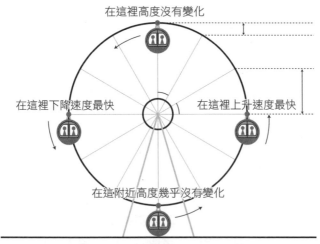

●圖 3-16　觀察摩天輪的高度變化

啊～對耶！在最底下剛坐進座艙時，還有在接近最頂端時，的確感到動得很緩慢，但再往上轉或往下轉時，看外面的景色就愈變愈快呢！

有概念了吧？所以我們知道，雖然摩天輪座艙的迴轉速度都一樣，但如果是觀察它的高度變化，在最底端和最頂端處的高度完全不變；而在轉到中間時，高度的變化速度最快。你記得把這種高度變化畫成圖，會變成正弦函數吧？（圖 3-17）

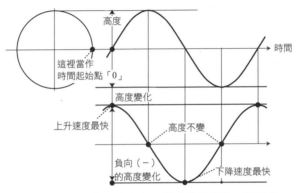

●圖 3-17　「座艙高度」與「高度變化」圖像化

這個「高度變化」就是將原來的正弦函數微分後的函數：「導函數」。妳看它的圖形有沒有發現什麼？

餘弦函數……

對！也就是說，正弦函數（sin函數）微分後就會變成餘弦函數（cos函數）！

將這個道理寫成式子就是：

$(\sin x)' = \cos x$

換句話說，cos的原始函數是sin。

哇～

之前我沒有用數學式，而是看著圖形說明它的感覺。現在我就要用一些數學的圖表來驗證之前所說的話。

數學的……

放心吧！就將我們之前學的通通拿出來，好好加油吧！

首先來看從單位圓中取出四分之一圓的圖形。從 x 軸起算位於 θ（弧度）位置的點A的高度「y」，在之前算三角函數時已說過是：

$$y = \sin \theta$$

然後比 θ 稍微增加一點（$d\theta$），移動到點B的位置，此時高度的變化量可以利用三角函數定理畫成下列圖形。（圖 3-18）

（圖中的 $d\theta$ 已經極度放大）

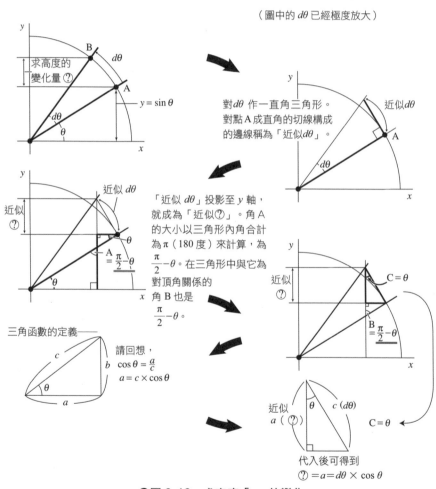

●圖 3-18　求高度「y」的變化

所以高度的變化量是：

$d\theta \times \cos\theta$

在此使用「近似$d\theta$」和「近似②」這種曖昧的表示法並沒有影響，因為我們算的是極微小的變化量，它的極限值會是正確的數值。所以高度「y」的變化，就是所在點的角度θ的cos函數。

高度y是sin函數，但當我們要找的是變化量……也就是微分值，那就是$d\theta \times \cos\theta$這個cos函數囉！

將y的微小變化——也就是$\sin\theta$的變化——寫成$d(\sin\theta)$，就得出：

$d(\sin\theta) = d\theta\cos\theta$

兩邊都除以θ的微小變化$d\theta$（這裡為何可以作除法的數學證明在此省略）：

$$\frac{d(\sin\theta)}{d\theta} = \cos\theta$$

因此可以知道，$\sin\theta$上各點的切線函數就是$\cos\theta$。

接著再來分析，cos函數的導函數又是如何？

$y = \cos x$在$x = 0$時的斜率為0，斜率會愈來愈往負的方向增大，到了$x = \dfrac{\pi}{2}$的斜率達到最大程度（-1），到了$x = \pi$的斜率又變為0……接下來就想像同樣的型態改往正向走就可以了。

這個形狀剛好是$y = \sin x$沿著x軸上下顛倒的樣子。（圖3-19）

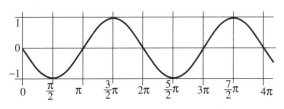

●圖 3-19　cos 函數的導函數

這也就表示，$y = \cos x$的導函數是$-\sin x$。若以先前的圖來思考，正好是將x和y對調所呈現的樣子，因此sin和cos變成對調過來。不過在這裡當θ增加時，x會慢慢減少，所以要加上負號。（圖3-20）

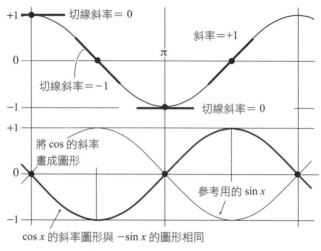

切線斜率 = 0

斜率 = +1

π

切線斜率 = −1

切線斜率 = 0

將 cos 的斜率
畫成圖形

參考用的 sin x

cos x 的斜率圖形與 −sin x 的圖形相同

●圖 3-20　求 $y = \cos x$ 的導函數

我懂了！sin 和 cos 就像總是好朋友哩！

我們也要永遠當好朋友在一起唷♪

好了，將這種關係寫成式子就是：

$(\cos x)' = -\sin x$

如果在這式子兩邊同加上負號，就變成：

$(-\cos x)' = \sin x$

所以正弦函數的原始函數，亦即積分所得的函數，就是加負號的 cos。

嗯～好混亂唷……

講到這裡有些雜亂了，我將三角函數的微分與積分關係再整理一下：

$(\sin x)' = \cos x$　　　…sin x 微分就變成　cos x

$(\cos x)' = -\sin x$　　…cos x 微分就變成 −sin x

$\int \sin x\, dx = -\cos x$　　…sin x 積分就變成 −cos x

$\int \cos x\, dx = \sin x$　　…cos x 積分就變成　sin x

配合圖一起看，會更容易理解唷！

喔～這樣就一目了然了！配合圖來看，概念就很清楚囉！

我想妳們對三角函數的微分和積分已經有概念了，

現在我們來作一些練習題吧！

來吧！來吧！

那就來求如圖中 $\sin x$ 從 $x=0$ 到 $x=\pi$ 的定積分，

也就是求它的面積。

求這裡的面積

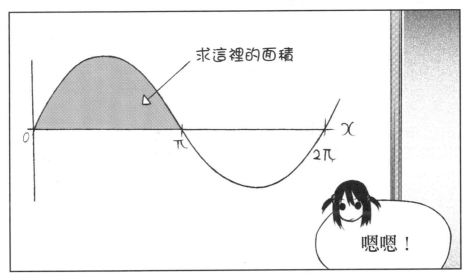

嗯嗯！

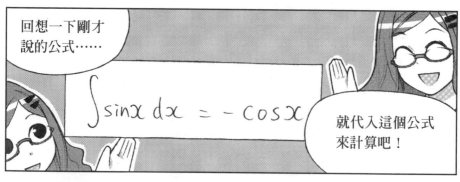

回想一下剛才
說的公式……

$$\int \sin x \, dx = -\cos x$$

就代入這個公式
來計算吧！

嗯！

左邊的意思是「$\sin x$
在 0 與 π 的區間裡積
分」，所以——

$$\int_0^\pi \sin x \, dx$$

這樣！

右邊的計算步驟
是要將 $-\cos x$ 填
入方括弧中，

$$\int_0^\pi \sin x \, dx = \left[-\cos x \right]_0^\pi$$

$-\cos x$ 就是 $\sin x$ 的
原始函數唷！

再寫上積分
區間……

接下來就將區間的上限「π」代入 x，得到「$\cos \pi = -1$」；下限「0」也代入，變成「$-\cos 0$」。

負號提到方括弧之前……

很好！很好！

$$\int_0^\pi \sin x\, dx = \left[-\cos x \right]_0^\pi$$
$$= -(\cos \pi - \cos 0)$$

對於 $\cos \pi$ 和 $\cos 0$，

請回想一下單位圓上迴轉的點的情況。

$\cos \pi$ 在 180 度時是……「-1」。

$\cos 0$ 則是「1」……

答案是「2」！

$$\int_0^\pi \sin x\, dx = \left[-\cos x \right]_0^\pi$$
$$= -(\cos \pi - \cos 0)$$
$$= -(-1 - 1)$$

答對了！

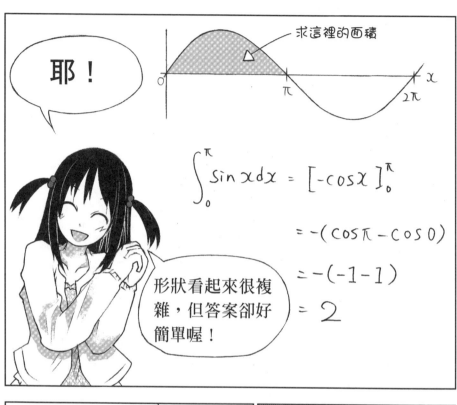

$$\int_0^\pi \sin x \, dx = \left[-\cos x \right]_0^\pi$$

$$= -(\cos \pi - \cos 0)$$

$$= -(-1-1)$$

$$= 2$$

現在代入上限「2π」和下限「0」，

計算確認一下吧！

區間上限代入後，成為「$\cos 2\pi = 1$」，

區間下限代入後，成為「$\cos 0 = 1$」，

$$\cos 2\pi = 1$$
$$\Downarrow$$
$$\cos 0 = 1$$
$$\Downarrow$$
$$1 - 1 = 0$$

因此整體就變成「$1 - 1 = 0$」。

$$\int_0^{2\pi} \sin x \, dx = [-\cos x]_0^{2\pi}$$
$$= -(1 - 1)$$
$$= 0$$

如果函數的形狀在定積分區間中沿著 x 軸上下對稱，

啊～真的耶！

這個定積分的值一定是 0。

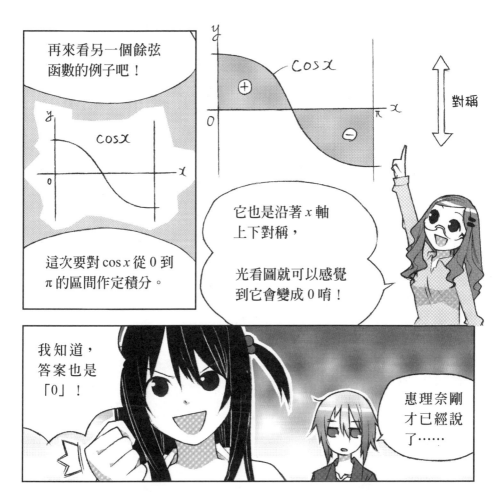

再來看另一個餘弦函數的例子吧！

這次要對 $\cos x$ 從 0 到 π 的區間作定積分。

對稱

它也是沿著 x 軸上下對稱，

光看圖就可以感覺到它會變成 0 唷！

我知道，答案也是「0」！

惠理奈剛才已經說了……

實際計算看看吧！

$\cos x$ 的原始函數為 $\sin x$，

所以將上限 π 和下限 0 如同上一例題那樣代入，就會變成
$\sin \pi - \sin 0$
$= 0 - 0 = 0$

$$\int_0^\pi \cos x\, dx = [\sin x]_0^\pi$$

$$= 0 - 0$$

$$= 0$$

喔！

消得一乾二淨！

這樣妳對 sin x 與 cos x 的不定積分（原始函數）和定積分有概念了吧？

嗯！

能像這樣建立概念，我就不會再放棄數學了～

能聽到數學考 32 分的文香講這種話，

我好感動！

好！

今天還要好好玩一玩唷！

就這樣一直唸到下次數學考試吧！

但在這之前，

好啊！好啊！

我們來坐這個吧～

啊！

咚一

大尖叫!!!

超級死亡自由落體 ABYSS 通往地獄

轟轟轟轟

轟轟轟轟轟轟轟

……

◆第 4 章◆

函數四則運算

好……好啦！妳們倆都對數學產生興趣，真是好事呀！

啪滋啪滋啪滋

轉 轉 轉

那，

轉

今天要學什麼呢？

今天來學函數四則運算。

也就是要談函數如何相加、

相減、

＋

÷

相乘、

－

×

還有相除。

嗯嗯

但我不會講到除法這部分。

函數的四則運算與波形合成有直接關係，

就讓我們一起來學吧！

喔——

首先為了讓大家有些概念，

我來舉一個函數和的例子吧！

老師請說！

例如，

有這樣的兩個函數A和B，

現在想將它們相加，

函數A

函數B

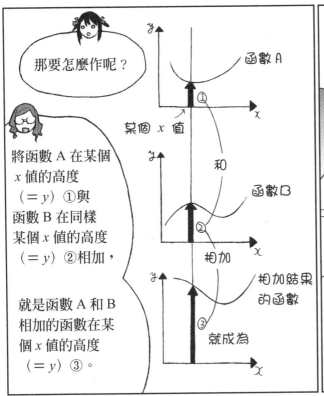

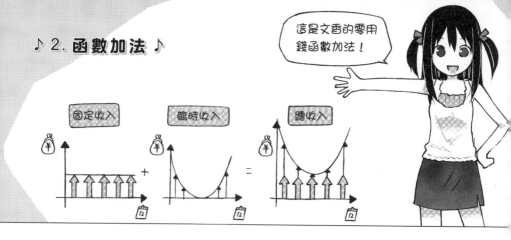

♪ 2. 函數加法 ♪

> 函數加法已經舉過例了，那我們就代入具體的函數來計算吧！

> 好～！

> 先來算 $y=x^2$ 和 $y=x$ 這兩個函數的加法。我們不可能將所有 x 對應的 y 值都算過一遍，只能挑一些點來計算。

> 嗯嗯！

> 來看相加後得到的圖形吧！在這張圖中，相加結果的函數在最上方，居中的是 $y=x^2$，最下方是 $y=x$ 的圖形。仔細注意它唷！（圖 4-1）

> 我們照順序計算來驗證這個圖。首先看 $x=1$ 這個點。將 $x=1$ 放進（代入）$y=x^2$ 中，算出 $y=1$（①）；同樣地，將 $x=1$ 代入 $y=x$，結果為 $y=1$（②）。然後將兩個相加，得到 $1+1=2$，函數相加的值就是 2（③）。

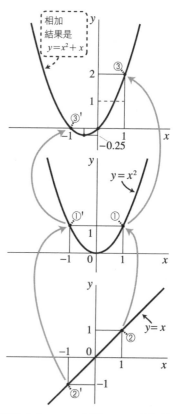

●圖 4-1　$y=x^2$ 與 $y=x$ 的加法

真直接⋯⋯

很簡單吧？接著來看 $x = 0$ 這個點的值。在這點上兩個函數的值都是 0，所以相加的結果也是 0。

我們再算一個。算 $x = -1$ 這個點吧！將 $x = -1$ 代入 $y = x^2$ 中，結果為 $y = 1$（①'）；然後將 $x = -1$ 同樣代入 $y = x$ 中，結果為 $y = -1$（②'）。然後將兩個相加，得到 $1 + (-1) = 0$，函數相加的值就是 0（③'）。

這樣一直對 x 作計算，就可以畫出 $y = x^2$ 和 $y = x$ 相加的圖形吧？

妳說的沒錯。在這個函數加法題裡，函數可以直接相加。也就是說，$y = x^2$ 和 $y = x$ 相加就會得到：

$y = x^2 + x$

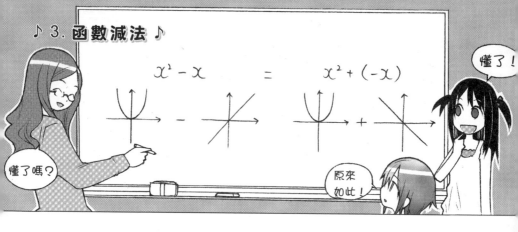

♪ 3. 函數減法 ♪

$$x^2 - x = x^2 + (-x)$$

接下來，我們就用和剛才相同的兩個函數：$y = x^2$ 和 $y = x$ 來算函數的減法吧！也就是說，要求出 $y = x^2$ 減去 $y = x$ 的函數結果。

和加法不一樣，沒什麼概念……

的確不太好想。那如果用加法作會不會較好呢？

咦？這可以嗎？

減法其實也可以想成是「將要減去的函數的正負號反過來作加法」唷！$1 - 1$ 和 $1 + (-1)$ 的計算結果都是「0」，在函數中也是相同的道理。但是要注意，只有被減去的函數才要改變它的正負符號唷！

原來是這樣～

在此我們也先來看圖形。（圖 4-2）

所以就是將 $y = x$ 變成 $y = -x$，再與 $y = x^2$ 相加囉！

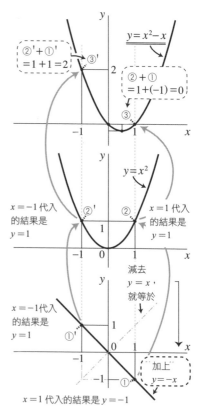

●圖 4-2　$y = x^2$ 與 $y = x$ 的減法

正是如此♪我們也像之前一樣來檢查幾個 x 的值吧！

首先來看 $x=1$ 的點。同樣將 $x=1$ 代入 $y=-x$，得到 $y=-1$（①）；接著將 $x=1$ 代入 $y=x^2$，得到 $y=1$（②）。然後將兩個相加，結果是 $1+(-1)=0$，函數相加的結果爲 0（③）。

原來如此……

接下來看 $x=0$ 的點。兩個函數的值都是 0，所以相加結果也是 0。

再來計算 $x=-1$ 的點。同樣地將 $x=-1$ 代入 $y=-x$ 中，得到 $y=+1$（①'）。

然後將 $x=-1$ 代入 $y=x^2$ 中，得到 $y=1$（②'）。

然後將兩個相加，得到 $1+1=2$，函數相加的結果爲 2（③'）。

和加法一樣……

以這樣來思考就一點也不難了♪這個函數減法題，以 $y=x^2$ 加 $y=-x$ 來計算，答案是

$y=x^2+(-x)$　也就是

$y=x^2-x$

餘弦和角公式
$$\cos (\alpha+\beta) = \cos \alpha \cos \beta - \sin \alpha \sin \beta$$
cosmos、cosmos，
新綻放、新綻放

正弦和角公式
$$\sin (\alpha+\beta) = \sin \alpha \cos \beta + \cos \alpha \sin \beta$$
新 cos，cos 神！

這是三角函數各種公式的基礎喔！

再來我們要作函數的乘法。回想一下，函數的加法是「將各函數對某個 x 的值相加」即可，函數的乘法也是將各函數對相同某個 x 的值相乘即可。

方法都一樣耶～

首先來看簡單的函數相乘的例子。比方說，若將函數 $y = x^2 - 2$ 與函數 $y = x$ 相乘時，就會是這樣。（圖 4-3）

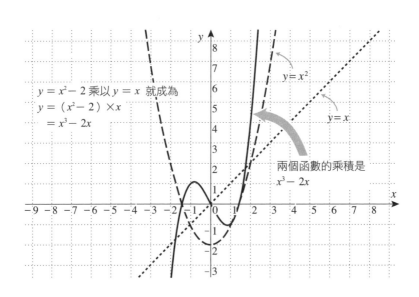

$y = x^2 - 2$ 乘以 $y = x$ 就成為
$$y = (x^2 - 2) \times x$$
$$= x^3 - 2x$$

$y = x^2$

$y = x$

兩個函數的乘積是
$x^3 - 2x$

●圖 4-3　$y = x^2 - 2$ 與 $y = x$ 的乘積

這個圖形看起來好奇妙唷～

像這樣簡單的函數，相乘所得的函數為：

$y = (x^2 - 2) \times x$　也就是

$y = x^3 - 2x$

那如果不是簡單的函數呢？

是的，像三角函數相乘就比較複雜點。來看具體的例題吧！例如，將 $y = \sin x$ 與同樣 $y = \sin x$ 相乘，結果會是這樣。（圖 4-4）

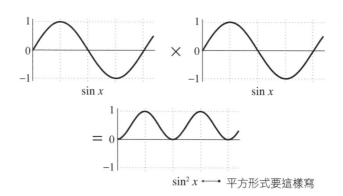

●圖 4-4　$y = \sin x$ 與 $y = \sin x$ 的乘積

$y = \sin x$ 和 $y = \sin x$ 相乘的結果為 $y = (\sin x \times \sin x)$，也就是 $\sin x$ 平方，變成 $y = (\sin x)^2$，要記住應該寫成

$y = \sin^2 x$

後半部的「凹」都變成「凸」了耶！

說什麼凹變凸……

妳們想想是發生了什麼事？

負負相乘……

就得正！

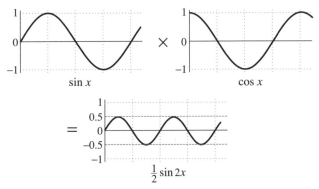 沒錯！兩個負數相乘會變成正數。

觀察這個函數乘積的形狀，會發現它的「週期」──就是整組波峰和波谷──的數量變成 2 倍，「振幅」──就是波峰波谷的高低差──變成一半，同時整個高度提升了 $\frac{1}{2}$。

哇～

再來看另一個三角函數相乘的積。這是 $y = \sin x$ 和 $y = \cos x$ 的乘積圖形。（圖 4-5）

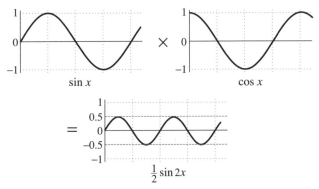

●圖 4-5　$y = \sin x$ 和 $y = \cos x$ 的乘積

嗯……$y = \sin x$ 和 $y = \cos x$ 相乘，竟然變成 $y = \frac{1}{2}\sin 2x$ 這樣的函數耶！

我們看這個函數乘積的形狀，會發現週期變成原本函數的 2 倍、振幅變一半、增高方向不變，全體振幅的中心線為 0。如果反過來分析，最後的圖形週期是 $y = \sin x$ 的 2 倍，所以要在 x 之前加上 2；由於振幅變一半，所以在 $\sin$ 之前加 $\frac{1}{2}$，因此成為 $\frac{1}{2}\sin 2x$。

喔……

在式子中，$\sin$ 之前或之後加上的數字在圖形上有什麼意義呢？全部整理起來會像這樣。（圖 4-6）

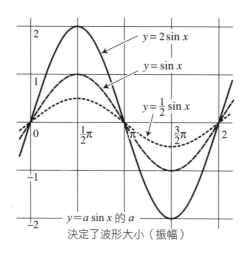

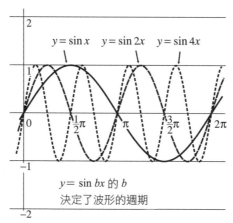

●圖 4-6 在 sin 前後加上數字與波形的關係

🙂 所以加在sin之前的數字會改變它的振幅，加在sin之後的數字會改變它的週期囉？

😈 先前我們的作法，都是將某個函數與另一函數對應各種 x 的值相加或相減來求結果，再將這些結果畫成圖形，然後由圖形導出函數式子。但作過就知道這樣十分麻煩，並不是聰明的方法。所以這時就需要利用「公式」了。例如，課本裡出現像這樣的公式——

正弦和角公式：$\sin(\alpha+\beta) = \sin\alpha\cos\beta + \cos\alpha\sin\beta$

$\qquad\qquad\quad \sin(\alpha-\beta) = \sin\alpha\cos\beta - \cos\alpha\sin\beta$

餘弦和角公式：$\cos(\alpha+\beta) = \cos\alpha\cos\beta - \sin\alpha\sin\beta$

$\qquad\qquad\quad \cos(\alpha-\beta) = \cos\alpha\cos\beta + \sin\alpha\sin\beta$

喔～有有有！

我在此只就學習傅立葉轉換必需的知識作說明，所以在數學上這些公式的證明和意義就只能割愛了。

「正弦和角公式」和「餘弦和角公式」相互組合，可以導出三角函數求積與求和的公式。這就是「積化和差」與「和差化積」。

$$\sin\alpha\cos\beta = \frac{1}{2}\{\sin(\alpha+\beta) + \sin(\alpha-\beta)\}$$

積化和差：$\sin\alpha\sin\beta = -\dfrac{1}{2}\{\cos(\alpha+\beta) - \cos(\alpha-\beta)\}$

$$\cos\alpha\cos\beta = \frac{1}{2}\{\cos(\alpha+\beta) + \cos(\alpha-\beta)\}$$

$$\sin\alpha + \sin\beta = 2\sin\frac{\alpha+\beta}{2}\cos\frac{\alpha-\beta}{2}$$

$$\sin\alpha - \sin\beta = 2\cos\frac{\alpha+\beta}{2}\sin\frac{\alpha-\beta}{2}$$

和差化積：$\cos\alpha + \cos\beta = 2\cos\dfrac{\alpha+\beta}{2}\cos\dfrac{\alpha-\beta}{2}$

$$\cos\alpha - \cos\beta = -2\sin\frac{\alpha+\beta}{2}\sin\frac{\alpha-\beta}{2}$$

$\sin(\alpha+\beta)$ 與 $\sin\alpha + \sin\beta$ 不一樣嗎？

sin（α＋β）是角度 α 和角度 β 相加角度的 sin 值，sin α＋sin β 則是兩個角各自的 sin 值相加。比如說，如果 sin（α＋β）中，α＝β＝$\frac{\pi}{4}$（＝45度），結果就是：

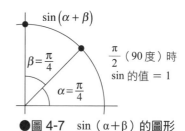

●圖 4-7 sin（α＋β）的圖形

$$\sin\left(\frac{\pi}{4}+\frac{\pi}{4}\right)=\sin\left(\frac{\pi}{2}\right)=1$$

（圖 4-7）

另一方面，sin α＋sin β 就是

$$\sin\left(\frac{\pi}{4}\right)+\sin\left(\frac{\pi}{4}\right)=\frac{\sqrt{2}}{2}+\frac{\sqrt{2}}{2}=\sqrt{2}=1.4142 \quad （圖 4-8）$$

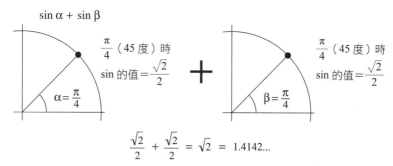

$$\frac{\sqrt{2}}{2}+\frac{\sqrt{2}}{2}=\sqrt{2}=1.4142...$$

●圖 4-8 sin α＋sin β 的圖形

可是計算好難唷！

一次全背下來，比起每次都慢慢畫圖要輕鬆多囉！

好耶！那就 OK 了！

真單純……

我們試著運用這些公式來解之前說的 $y＝\sin x$ 與 $y＝\cos x$ 的乘積吧！所用的公式是：

$$\sin\alpha\cos\beta=\frac{1}{2}\{\sin(\alpha+\beta)+\sin(\alpha-\beta)\}$$

代入 α＝x 和 β＝x：

$$\sin x \cos x = \frac{1}{2}\left\{\sin\left(x+x\right) + \sin\left(x-x\right)\right\}$$

因爲 $\sin 0 = 0$

$$= \frac{1}{2}\sin 2x$$

這樣一下子就求得解答了。

原來如此!

這樣我們就懂得計算函數的乘積了。

現在試著將它和定積分組合一起計算吧!

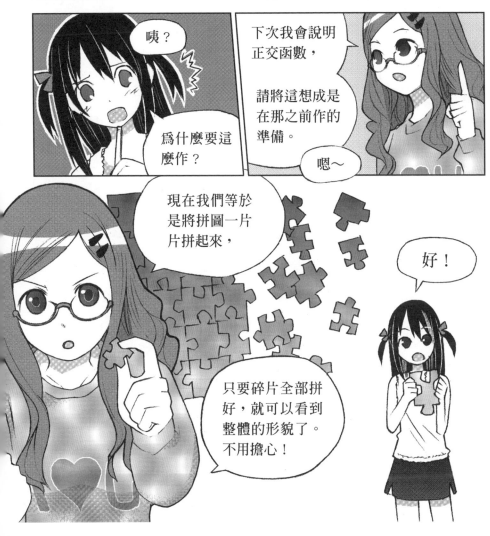

咦?

為什麼要這麼作?

下次我會說明正交函數,

請將這想成是在那之前作的準備。

嗯～

現在我們等於是將拼圖一片片拼起來,

好!

只要碎片全部拼好,就可以看到整體的形貌了。不用擔心!

那就從 $y = x^2 - 2$
與 $y = x$ 的乘積

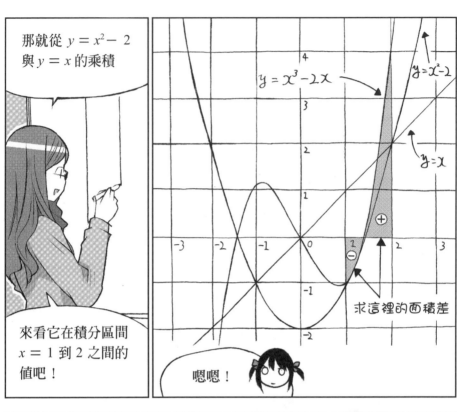

求這裡的面積差

來看它在積分區間
$x = 1$ 到 2 之間的
值吧！

嗯嗯！

首先將「$y = x^2 - 2$ 與
$y = x$ 的乘積在區間 1
到 2 之間對 x 作定積
分」寫成式子。

$$\int_1^2 x(x^2 - 2)\,dx$$

喔～

只要將這
算出來就
可以吧？

是呀！

但這裡計算時要小心，

不可以先將未相乘的函數分解作定積分，然後再相乘。

總之我先算出 $x(x^2-2)$ ……

咦？積分裡有減法，這要怎麼辦呀？

這就要利用積分的另一個性質了。

另一個性質

就是積分裡的加法和減法可以個別積分再作加法和減法。

也就是說，

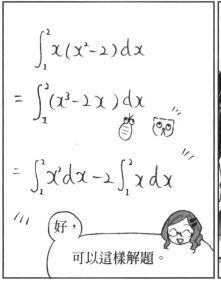

$$\int_1^2 x(x^2-2)\,dx$$

$$= \int_1^2 (x^3-2x)\,dx$$

$$= \int_1^2 x^3\,dx - 2\int_1^2 x\,dx$$

好，

可以這樣解題。

咦？$2\int$ 和 $\int 2$ 不一樣嗎？

一樣呀！但我們可以先積分完後再乘2倍，

$2\int$ 較清楚

所以爲了清楚起見，應該將2放在前面。

那就由妳來計算這個式子吧！

這個……

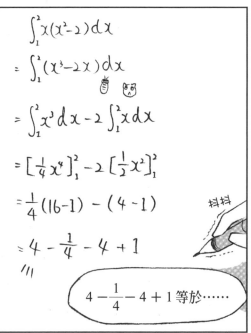

$$\int_1^2 x(x^2-2)\,dx$$

$$= \int_1^2 (x^3-2x)\,dx$$

$$= \int_1^2 x^3\,dx - 2\int_1^2 x\,dx$$

$$= \left[\frac{1}{4}x^4\right]_1^2 - 2\left[\frac{1}{2}x^2\right]_1^2$$

$$= \frac{1}{4}(16-1) - (4-1)$$

$$= 4 - \frac{1}{4} - 4 + 1$$

抖抖

$4-\dfrac{1}{4}-4+1$ 等於……

◆ 第 5 章 ◆

正交函數

♪ 1. 正交函數 ♪

妳也知道，

對各個樂團打分數。

校慶現場表演是由 8 位學生加 2 位老師組成評審團，

那又怎樣？

第一名的樂團可以當壓軸節目呀！

這第一名當然非我們莫屬。

我……

我們才是！

如果

我的樂團贏了，

妳很有自信嘛！

那這樣吧！

妳就要和我交往。

※ Adios：西班牙文「再見」

我們不會輸他的啦！

今天的課是要接著上次講吧？

呃……是呀！

光是煩惱也沒用。

走吧！

2-B

那今天就來說明「正交函數」。

所謂「正交」，是「垂直交會」的意思。

函數可以垂直交會喔？

用說的比較難明白……

我先畫兩個「正交」的函數

sin x 和 cos x。

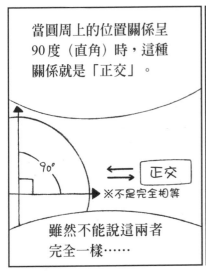當圓周上的位置關係呈
90度（直角）時，這種
關係就是「正交」。

90°

←→ 正交

※不是完全相等

雖然不能說這兩者
完全一樣⋯⋯

這和兩條線呈
90度交角的
「直角」，

直角

正交

有點不太一樣，
不要搞混囉！

兩個函數只要滿足某項
條件，也可以說它們是
「正交」。

這條件就是我上次說的
「函數乘積的積分」。

原來如此！

「正交」關係就是
指函數乘積的定積
分為0的意思。

喔～

0⋯⋯

反過來說，當兩個函數（例如 sin 和 cos）相乘後再作定積分，

若結果爲 0，就可以說「這兩個函數爲正交」。

$$\int_0^{2\pi} \sin x \cos x \, dx = 0$$

若是如此

$\sin x$ 與 $\cos x$ 呈「正交」

就因爲這樣，

我先前才會先說明函數乘積與定積分唷！

喔～原來如此！

那麼現在就來看例題吧！

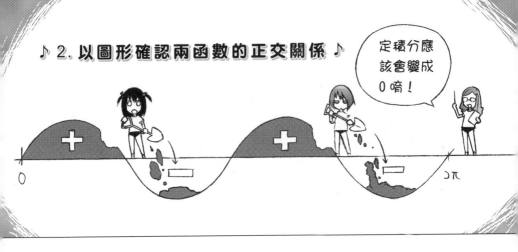

♪ 2. 以圖形確認兩函數的正交關係 ♪

我們來看一下之前所舉的 $\sin x$ 和 $\cos x$ 的例子吧！首先，以圖形來表示 $y = \sin x \times \cos x$。居中的圖是 $\cos x$，最下方的圖是 $\sin x$。（圖5-1）

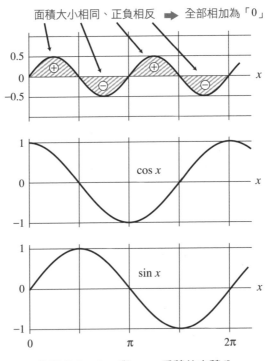

面積大小相同、正負相反 ➡ 全部相加為「0」

●圖5-1　$\sin x$ 與 $\cos x$ 乘積的定積分

最上方的圖形 $y = \sin x \times \cos x$，可以利用上次學的「積化和差」公式

$$\sin \alpha \cos \beta = \frac{1}{2} \{\sin (\alpha + \beta) + \sin (\alpha - \beta)\}$$

求得答案爲 $\frac{1}{2} \sin 2x$。

嗯嗯！這個上次算過了。

在這裡，$\sin x$ 和 $\cos x$ 的週期（一組波峰與波谷）相同。我們可以從圖中看出「1 週期＝從 0 到 2π」，所以定積分就在這範圍內進行。定積分的結果，以斜線表示它的面積。

接連出現兩個相同大小的「波峰」和「波谷」呢！

當函數值爲負時，面積相同的定積分值是負數。所以定積分的結果就是……

0！

答對了♪所以我們能藉由圖形來確認 $\sin x$ 與 $\cos x$ 是否爲「正交」。

♪ 3. 實際計算以確認兩函數的正交關係 ♪

$$\int_0^{2\pi} \sin x \cdot \cos x \, dx$$

我們再以計算的方式確認一下之前舉的例子吧！計算式是這樣：

$$\int_0^{2\pi} \sin x \cos x \, dx$$

$$= \int_0^{2\pi} \left(\frac{1}{2} \sin 2x \right) dx$$

由 $\sin\alpha\cos\beta = \frac{1}{2}\{\sin(\alpha+\beta)+\sin(\alpha-\beta)\}$ 可得

$$= \frac{1}{2}\left[-\frac{1}{2}\cos 2x \right]_0^{2\pi}$$

由 $\int \sin x \, dx = -\cos x$ 可得

$$= \frac{1}{2}\left(-\frac{1}{2} + \frac{1}{2} \right) = 0$$

但是　　　　　被積分的變數為 $2x$

$$\int \sin(2x) \, \underline{dx} \quad \text{積分變數為 } x$$

$$= \frac{1}{2}\int \sin(2x) \, d(2x) \quad \text{讓兩者都變為 } 2x$$

$$= -\frac{1}{2}\cos 2x$$

在這計算式中，兩函數相乘作定積分的結果也是 0。也就是說，可以用計算驗證 $\sin x$ 和 $\cos x$ 是「正交」♪ 在此舉的 $\sin x$ 和 $\cos x$ 是兩個相同週期的函數，若要算不同週期的函數乘積時，計算的積分區間是週期較長的函數的一次週期。但其實可以不管這些，直接對 0 到 2π 作積分就好了。因為在 0 到 2π 的區間，週期長的函數也必定會經過至少一個週期。

為什麼會有一個週期？

這是因為整體的頻率是以週期長的函數為基準的關係呀！例如我們將 1 週期和 2 週期的 sin 函數重疊，就得到 2 倍的波形。在這裡「週期」較長的是 1 週期的函數。

所以說只要週期長的經過 1 週期，其他的也必定超過 1 週期囉？

沒錯！像 $\sin 2x$ 或 $\sin 5x$，它們的基準週期都是 $\sin x$（$= \sin 1x$），定積分時就將相當於 $\sin x$ 從 0 到 2π 的區間當作積分區間即可。在實際計算上，只要單純地將 0 到 2π 代入 $\sin 2x$ 中，不需特別注意週期，也可以算得出來。

原來如此！

現在就以之前學習的為基礎，來觀察其他的正交組合吧！我們要看的是 $\sin x$ 與 $\sin 2x$。它們相乘的函數圖形是像下列這樣，積分區間為 0 到 2π。（圖 5-2）

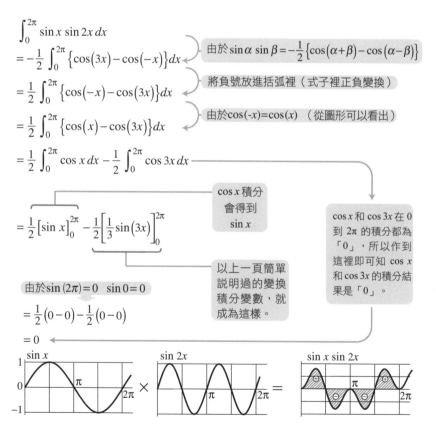

$$\int_0^{2\pi} \sin x \sin 2x \, dx$$

$$= -\frac{1}{2} \int_0^{2\pi} \left\{\cos(3x) - \cos(-x)\right\} dx$$

由於 $\sin \alpha \sin \beta = -\frac{1}{2}\left\{\cos(\alpha+\beta) - \cos(\alpha-\beta)\right\}$

$$= \frac{1}{2} \int_0^{2\pi} \left\{\cos(-x) - \cos(3x)\right\} dx$$

將負號放進括弧裡（式子裡正負變換）

$$= \frac{1}{2} \int_0^{2\pi} \left\{\cos(x) - \cos(3x)\right\} dx$$

由於 $\cos(-x) = \cos(x)$（從圖形可以看出）

$$= \frac{1}{2} \int_0^{2\pi} \cos x \, dx - \frac{1}{2} \int_0^{2\pi} \cos 3x \, dx$$

$$= \frac{1}{2} \left[\sin x\right]_0^{2\pi} - \frac{1}{2} \left[\frac{1}{3} \sin(3x)\right]_0^{2\pi}$$

$\cos x$ 積分會得到 $\sin x$

$\cos x$ 和 $\cos 3x$ 在 0 到 2π 的積分都為「0」，所以作到這裡即可知 $\cos x$ 和 $\cos 3x$ 的積分結果是「0」。

由於 $\sin(2\pi) = 0$　$\sin 0 = 0$

以上一頁簡單說明過的變換積分變數，就成為這樣。

$$= \frac{1}{2}(0-0) - \frac{1}{2}(0-0)$$

$$= 0$$

●圖 5-2　$\sin x$ 與 $\sin 2x$ 乘積的定積分

這題也是大小相同、正負相反的形狀不斷反覆，所以定積分的結果還是「0」吧！

0⋯⋯就是「正交」⋯⋯

就是這樣♪ 我們可以從這再發揮想像力，推測出「不同週期的正弦函數通通都彼此正交」的結論。

嗯嗯！

換成數學上較正確的說法，就是「當 m 與 n 為不同整數時，$\sin mx$ 與 $\sin nx$ 彼此為正交」。

如果 m 和 n 一樣就不行嗎？

不行唷！當 $m = n = 1$ 時，就會變成上次學習到的 $\sin x \times \sin x$，也就是 $y = \sin^2 x$ 的定積分。它的結果不會是 0，因此沒有正交。由此我們也可以直覺地知道，任何函數「不可能與自己正交」。

的確，在圓周上完全一樣迴轉的點，位置關係絕對不會是直角嘛！

當然 m 和 n 即使不是 1，只要它們相等，就不可能形成正交。因為 0 以外的任何函數只要變平方，無論取任何點都不可能變成負數，定積分的值一定會是一個正值。

原來如此！

cos 也是這樣嗎？

問得好！我直接講結論吧！cos 和 sin 也一樣，只有在 m 和 n 相等時，$\cos mx \times \cos nx$ 從 0 到 2π 的定積分會有一個值，其他的情況都會是 0。也就是說，「$\cos mx$ 和 $\cos nx$ 也是在 m 和 n 相異時會形成正交」。

$\sin mx$ 和 $\cos mx$ 都不會與自己成正交！

然後，就像我們剛剛看到的，$\sin mx$ 與 $\cos mx$ 之間無論有任何週期關係，都會相互正交！

♪ 4. $y = \sin^2 x$ 的定積分 ♪

sin x 自己不會與自己正交，

就是說它的定積分有一個值囉？

現在就來算算看吧！

最後再來實際計算 $y = \sin x \times \sin x$ 的積分值吧！

sin x 彼此相乘，就變成 $\sin^2 x$ 了。

$\sin^2 x$

這個圖我們先前看過了唷！

嗯嗯！就是那個凹變凸的圖形。

凹變凸……

可惜，只看圖形沒辦法知道斜線部分的積分結果（＝面積）。

所以我們只好計算一下啦！

好～

$$\int_0^{2\pi} \sin^2 x \, dx$$

$$= \int_0^{2\pi} \sin x \cdot \sin x \, dx$$

$\sin\alpha\sin\beta = \frac{1}{2}\{\cos(\alpha-\beta) - \cos(\alpha+\beta)\}$

因此 （$\alpha = \beta$ 之②）

$$= \frac{1}{2}\int_0^{2\pi} \{\cos(0) - \cos(2x)\} \, dx$$

$\cos(0) = 1$ 所以

$$= \frac{1}{2}\int_0^{2\pi} \{1 - \cos(2x)\} \, dx$$

嗯嗯～

將這式子展開……

$$= \frac{1}{2} \left(\int_0^{2\pi} 1 \, dx - \int_0^{2\pi} \cos 2x \, dx \right)$$

就變這樣。

哇～
看來好像很
難算……

不過，
妳仔細看一下
式子唷！

$\int_0^{2\pi} \cos 2x \, dx$ 是在
求 $\cos x$ 2 週期的
定積分，

所以不須計算
就可以知道它
是「0」。

啊～對耶！

只要當成算
$\frac{1}{2}\left(\int_0^{2\pi} 1\, dx\right)$
就好了……

沒錯！

$\frac{1}{2}$ 對 x 的積分
是 $\frac{1}{2}x$，

所以對 $\frac{1}{2}x$ 在區間 0
到 2π 作定積分，就
將 2π 代入 x……

$$= \frac{1}{2}\left[x\right]_0^{2\pi}$$

$$= \frac{1}{2}(2\pi - 0)$$

$$= \pi$$

原來答案
是「π」！

就是這樣！

如果作
$\cos x \times \cos x$，

也會得到和這個
相同的結果唷！

不用想得太複雜啦！

是這樣喔？

cos x 其實就是 sin x 向右偏移 $\frac{\pi}{2}$ 的結果，

所以作定積分的結果也一樣是「π」。

原來如此～

但是像這樣計算究竟有什麼用啊？

大有用處！

事實上這裡解出的「π」值在進行「傅立葉」轉換時非常有用唷！

不過這部分以後才會說明，

今天先講到這裡吧！

謝謝！

153

好！

回家後立刻作

校慶表演的樂曲！

我們也會盡快找出

大家一起來場完美演出吧！

喔——！！

能擔任主唱的人！

◆ 第 6 章 ◆

理解傅立葉轉換的準備

好，

現在我們總算要利用正交函數的加法……

試著製作出各式各樣的波形囉！

一開始先來算週期相同的 $\sin mx$ 與 $\cos mx$ 相加。

為了簡化起見，就設 $m = 1$，來觀察 $y = a\cos x + b\sin x$ 的圖形吧！

a 是加在 $\cos$ 這邊唷！

a 和 b 是什麼數呀？

我們就先將 a 和 b 都寫爲 1 吧！

這樣兩個函數的和就可以用各函數本身的 y 值相加來計算，

結果是這樣：

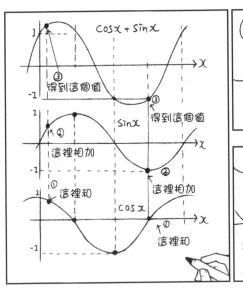

形狀好像沒什麼改變耶！

是呀！

我們再來看
另一個情況：$a=-1$、$b=1$

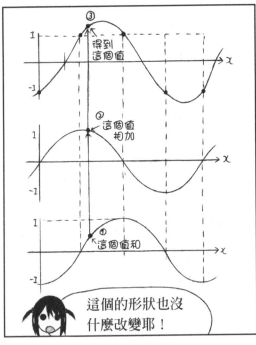

這個的形狀也沒
什麼改變耶！

相加的結果會使
振幅合成一體而
變大喔！

兩個圖還有什
麼不一樣嗎？

橫向的位置
改變了……

沒錯！

圖形出發點，
或說整個函數，

從負數移到正數，
這也是不同處。

哇～

這種出發點的差異
稱爲「相位差」，
簡稱「相位」。

$a \cos x$ 和 $b \sin x$
相加，相位還會
有變化呀～

自然界存在的波形並
非都從 0 開始……

爲了使相位變化，
就必須組合 $\cos x$ 和
$\sin x$ 唷！

我們就先從這部分
開始學起吧！

♪ 2. $a \cos x$ 與 $b \sin x$ 的合成 ♪

原來如此

🙂 不用 $\sin x$ 和 $\cos x$ 就不能表示出相位了嗎？

😊 以 $\sin x$ 的相位來說，還是可以用 $\sin(x+\theta)$，藉由變化 θ 的值來表示。但是用這種方式，就必須準備無限個 θ 才行。這無論對波形的合成或分析都是很麻煩的問題。

🙂 原來如此！

😊 所以我們不能直接拿個別函數的形狀來表示，必須以「正交函數的組合」來看待它才行。實際上，只用 $\sin x$ 和 $\cos x$ 兩個函數，就可以創造出各種相位的 $\sin(x+\theta)$。現在來看幾個具體的例子。例如 $a = \dfrac{1}{2}$ 與 $b = 1$ 的圖形是這樣（圖 6-1）。當 $a = 1$、$b = \dfrac{1}{2}$ 則是這樣（圖 6-2）。

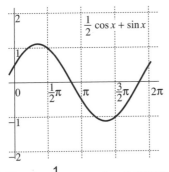

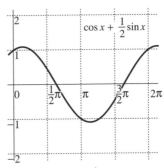

●圖 6-1 $\dfrac{1}{2}\cos x + \sin x$ 的波形相位　　●圖 6-2 $\cos x + \dfrac{1}{2}\sin x$ 的波形相位

能只用 sin 和 cos 兩函數來表示，是運用了它們的「正交」性質。「相互正交」的意思等於「不能表示成其他東西」，我們就是利用這一性質。

怎麼說？

我舉個簡單的例子。在畫各種函數時，爲了讓它們有一個基準，不是都會畫上 x 軸和 y 軸呈直角相交的圖形嗎？（圖 6-3）

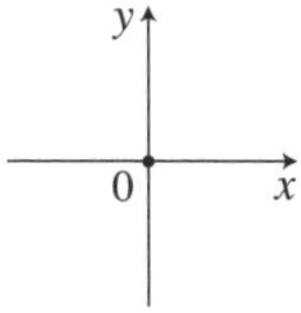

●圖 6-3
x 軸與 y 軸呈
直角相交的圖形

這在惠理奈上課過程中出現好多次了唷！

這圖形換個方式來看，x 軸可視爲常數表示式「$y = 0$」，y 軸則是常數表示式「$x = 0$」。也就是說，x 軸與 y 軸的基本圖形，其實就是常數表示式 $x = 0$ 與 $y = 0$ 的正交圖形。

喔喔！原來如此。不過它們既然直角相交，好像這也挺理所當然嘛！

我現在要對這麼理所當然的東西特別作一番曲折的說明，注意囉！
y 軸（$x = 0$）無論常數乘上多少倍，都無法表示出 x 軸（$y = 0$）。而因爲 0 乘上多少倍都是 0，所以 $x = 0$（y 軸）無論乘上多少倍也無法變成 x 軸上的其他任意值（例如 $x = 5$）。在 y 軸上，情況也是如此。這就是「相互正交」等於「不能表示成其他東西」的意思。平常我們將座標軸畫成直角相交，似乎相當理所當然，但其實這是因爲要讓平面能用兩個變數（x 與 y）來表示，x 或 y 其中之一不會變成其他函數，所得出的必然結果。

所以 x 軸與 y 軸會正交，其實是因爲我們需要它們正交，才這樣畫的啊……有了它們當基準，才能表示各個點的座標呢！

相同的道理也適用在 sin 與 cos 上。例如，$b \sin x$ 無論如何變化 b 的值，都不會變成函數 cos x。

原來 cos x 也是這樣啊！

正是如此♪ 同樣地，$a \cos x$ 無論如何變化 a，也不會變成 sin x。再來跳遠一點說，sin x 也無法製造出 sin $3x$。這是因爲 sin x 與 sin $3x$ 相互正

交。之前的 x 軸與 y 軸只有兩條線正交，但 $\sin x$、$\sin 2x$、$\sin 3x$ 等全都是相互正交的函數。$\cos x$、$\cos 2x$、$\cos 3x$ 等 cos 函數也是週期不同而全部正交的函數。此外，$\cos nx$ 與 $\sin nx$ 則是週期相同而正交的函數。正交函數相互組合，可以創造出各式各樣的函數。以其他三角函數作不出來、相互正交的三角函數，可以創造出各種波形，它們的存在意義就猶如是一種基本單位。

好，話題再拉回來。隨著 $\sin x$ 與 $\cos x$ 的大小（a 與 b）不同，它們所合成的波形振幅也不一樣。如果將 $\sin x$ 與 $\cos x$ 的組合轉換成在圓周上迴轉的向量，就比較容易理解了。

向量是指畫成「→」的東西嗎？

是呀♪ 簡單地說，向量就是表示力的方向及大小的圖形。現在有 a 與 b 兩個向量，我們用 a 與 b 畫一個平行四邊形（現在例題要算的 $\sin x$ 與 $\cos x$ 為正交，所以圖形是長方形），只要能求出它的對角線，就可以得知這兩個所合成的向量。（圖 6-4）

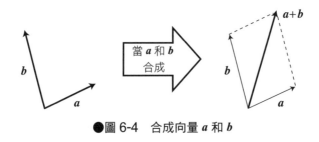

當 a 和 b 合成

●圖 6-4　合成向量 a 和 b

在物理課本上也看過這種圖耶！

在物理學領域裡也常用到向量唷！
現在將 $\sin x$ 與 $\cos x$ 想成是各自在半徑為 a 與 b 的圓周上總以相差 $\dfrac{\pi}{2}$（90 度）的狀態迴轉的向量，來看它們的合成吧！由於 $\sin x$ 與 $\cos x$ 呈正交，所以這裡的平行四邊形是長方形。（圖 6-5）

（注）向量 $\vec{a}$ 用 a、$\vec{b}$ 用 b 來表示。

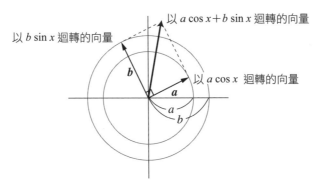

以 $b \sin x$ 迴轉的向量

以 $a \cos x + b \sin x$ 迴轉的向量

以 $a \cos x$ 迴轉的向量

●圖 6-5　合成迴轉中的兩正交向量$a \cos x$和$b \sin x$的概念

喔喔！真的耶！

利用這種向量的表現方式，就可以看出合成的 $a \cos x + b \sin x$ 有多大（向量多長）了。

能知道大小的值嗎？

可以唷！妳們回想一下畢氏定理。

畢氏定理，應該是……

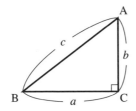

$$a^2 + b^2 = c^2$$

這個對吧？

現在套用畢氏定理。（圖 6-6）

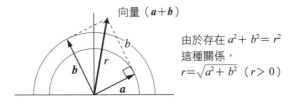

向量（$a + b$）

由於存在 $a^2 + b^2 = r^2$
這種關係，
$r = \sqrt{a^2 + b^2}$ （$r > 0$）

●圖 6-6　在向量合成應用畢氏定理

我們知道，合成的向量（$a+b$），對應的是半徑（r）的圓。也就是說，它們的關係是：

$a^2+b^2=r^2$

這式子可以轉換成：

$r=\sqrt{a^2+b^2}$

所以 $a\cos x+b\sin x$ 的大小就是 $\sqrt{a^2+b^2}$ 囉？

正是如此♪

如果波形是 $a=2$ 與 $b=2$，半徑就是

$r=\sqrt{2^2+2^2}=\sqrt{8}=2\sqrt{2}=2.82842712\cdots\cdots$

所以 $2\cos x+2\sin x$ 的波形大小（振幅）就是「$2.82842712\cdots\cdots$」。

（圖 6-7）

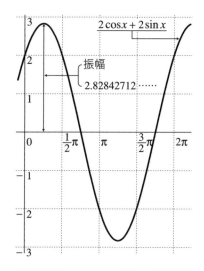

●圖 6-7　$2\cos x+2\sin x$ 的振幅

只要像這樣將 a 與 b 作各種組合，雖然不能改變週期，但振幅與相位就可以隨我們自由創造出來喔！

哇～一樣的週期就有這麼多不同的波形啊！

也就是說，sin nx 與 cos nx 合成的函數相位會改變，但週期不變。sin x 與 cos x 合成是 1 週期、sin $2x$ 與 cos $2x$ 合成是 2 週期、sin nx 與 cos nx 合成就是 n 週期。這個 n 週期又與我之前說過的 ω（角頻率）相對應。此外，只要收集各個半徑 r，就可以畫出它的頻譜了！（圖 6-8）

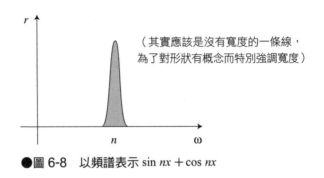

（其實應該是沒有寬度的一條線，為了對形狀有概念而特別強調寬度）

●圖 6-8　以頻譜表示 sin nx ＋ cos nx

ω可以看成是「頻率」吧！

沒錯♪

現在我們要將不同週期的三角函數相加。以三角函數的組合來表示某個函數式，這種概念與以後要說明的「傅立葉級數」有關。現在我們先利用電腦與函數繪圖軟體來簡單看一下圖形就好。

好！

首先是 $\sin x + \sin 2x$。（圖 6-9）

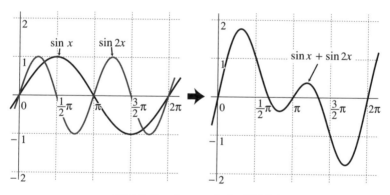

●圖 6-9　$\sin x + \sin 2x$ 的圖形

$\sin x + \sin 2x + \sin 3x$ 又是如何呢？（圖 6-10）

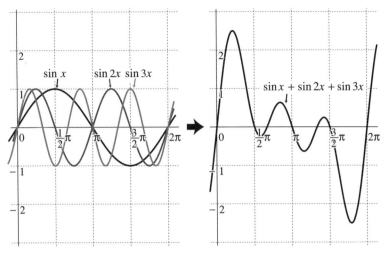

●圖 6-10　$\sin x + \sin 2x + \sin 3x$ 的圖形

$\sin x + 0.5 \cos 2x$ 又是如何？（圖 6-11）

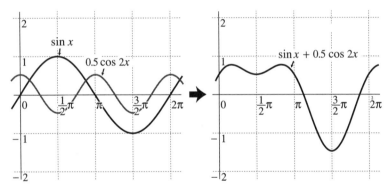

●圖 6-11　$\sin x + 0.5 \cos 2x$ 的圖形

最後來看 $\sin x + 0.5 \cos 3x + 0.5 \sin 3x$ 的圖形。（圖 6-12）

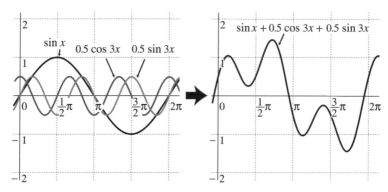

●圖 6-12　$\sin x + 0.5 \cos 3x + 0.5 \sin 3x$ 的圖形

組合 sin 和 cos 可以作出這麼多不同種類的圖形啊！

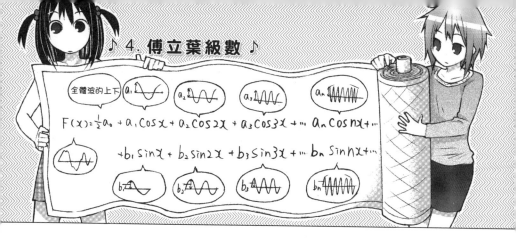

♪4. 傅立葉級數♪

前面所舉的例子，最多只有 3 個 sin 和 cos 相加而已。如果組合得愈來愈多，就可以創造出更複雜的函數。

哇～但是如果由一堆函數組合起來，就更是非用電腦計算不可了。

用電腦計算確實更有效率，但更重要的是先懂得它的「理論」。這理論就是「傅立葉級數展開（傅立葉級數）」！將傅立葉級數展開寫成公式，就如下列這樣：

$$F(x) = \frac{1}{2}a_0 + a_1\cos x + a_2\cos 2x + a_3\cos 3x + \cdots\cdots + a_n\cos nx + \cdots\cdots$$
$$+ b_1\sin x + b_2\sin 2x + b_3\sin 3x + \cdots\cdots + b_n\sin nx + \cdots\cdots$$
$$= \frac{1}{2}a_0 + \sum_{n=1}^{\infty}(a_n\cos nx + b_n\sin nx)$$

哇！還有公式啊？這式子看起來好難唷……光是出現數學符號就讓我頭痛了！

好啦！別這麼說嘛！來想想這個式子的意義吧！

我先說明一下式子整體的意義。在這式子中，左邊的函數 $F(x)$ 可以用右邊的 cos 與 sin 合成的形狀表示。當然，不同的函數代入 $F(x)$，a_0、a_1、$\cdots\cdots a_n$、$\cdots\cdots b_1$、$\cdots\cdots b_n$、$\cdots\cdots$也不同。

我就從 $F(x)$ 與 a_0、a_1、$\cdots\cdots a_n$、$\cdots\cdots b_1$、$\cdots\cdots b_n$、$\cdots\cdots$的關係來談合成的意義。這式子右邊最前方的 $\frac{1}{2}a_0$，是為了讓後方接續的三角函數合成波形，整體能上下移動，才加上的。

171

與 $y = ax + b$ 的「b」是一樣的意思囉？那在式子最後出現的「Σ」又是什麼意思啊？

數學符號「Σ」（sigma）代表示將前面式子表示的加法全部合為一體的「總和」。接下來我簡單示範 Σ 的計算方式。（圖 6-13）

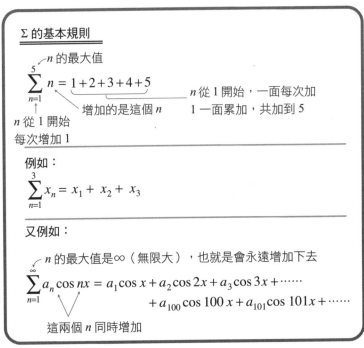

Σ 的基本規則

n 的最大值

$$\sum_{n=1}^{5} n = 1+2+3+4+5$$

n 從 1 開始，一面每次加 1 一面累加，共加到 5

增加的是這個 n

n 從 1 開始 每次增加 1

例如：

$$\sum_{n=1}^{3} x_n = x_1 + x_2 + x_3$$

又例如：

n 的最大值是 ∞（無限大），也就是會永遠增加下去

$$\sum_{n=1}^{\infty} a_n \cos nx = a_1 \cos x + a_2 \cos 2x + a_3 \cos 3x + \cdots\cdots$$
$$+ a_{100} \cos 100x + a_{101} \cos 101x + \cdots\cdots$$

這兩個 n 同時增加

●圖 6-13　Σ 符號的說明

注意看，傅立葉級數展開的 Σ 後方的符號 n，是同時加在「決定振幅的標示數值」與「在決定週期的函數中，x 前方標示的數值」的位置上，兩方同時都以 1、2、3、4……的方式持續增加。

哇～好像很神奇耶！

「傅立葉級數展開」所以能成立，是以函數 $F(x)$ 有某種週期為前提，也就是說它是應用在「週期函數」的合成上。即使是非週期函數，也可以從函數切出一個區間，再假設這個區間會不斷反覆，還是可以作出波形合成。

原來如此……

了解這些後，就可以更仔細來看這個式子。式子中的 $a_1, a_2, a_3, \cdots\cdots a_n,$ $\cdots\cdots b_1, b_2, b_3, \cdots\cdots b_n, \cdots\cdots$，稱為「傅立葉係數」，只要列出這些係數的值，整個 $F(x)$ 的波形就確定了。因為在傅立葉級數中，決定振幅的 a_n 與 b_n 的 n，和決定週期的 nx 的 n 連動，而 cos 與 sin 雙方的係數可以用「a_n」與「b_n」來表示以作區別，因此只要能確定「a_n」與「b_n」的大小，就能自動產生一個合成的函數波形，也就是 $F(x)$ 的波形。

感覺就像是只要我們看了時鐘的「時針」和「分針」，就能知道「時間」那樣！

這……這個比喻似乎有點遠了，不過就「透過某兩樣事項來得知另外某個特定事項」這點來說，的確是類似啦……

秒針呢……

那種小細節不用管啦～

既然現在已經有概念，就可以來看更具體的波形合成囉！

要來混波啦！

混波？

把波混合在一起就叫「混波」啊！

呃……那我們就來看看 $a_n \sin nx$ 將 n 從 1 開始，2、3、4、……這樣依序到 40 的混波情況吧！

連惠理奈也……

這一週期波形大小的係數——也就是a_n——是 n 的倒數。也就是說，$a_n = 1$、$\dfrac{1}{2}$、$\dfrac{1}{3}$、……這樣會產生一個有趣的波形。

計算看起來好麻煩唷！

我們用電腦來作作看。不需用什麼數學的專業軟體，只要用試算表軟體「Excel」就可以算出來唷！

哇！原來Excel不是只能畫些表格而已唷！

詳細的做法請看其他專門書籍唷！這裡我只列出運算結果，一起來看吧！（圖6-14）

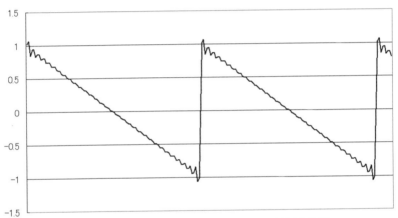

●圖 6-14　sin 函數依序合成到 $n = 40$ 所得的函數

喔喔！怎麼會變尖尖的？

好像鋸齒……

沒錯！像這樣的波形，實際上就稱為「鋸齒波」！

哇～和以前看過的波形完全都不一樣耶！

好，我們再來看另一個有趣的波形。這次 $a_n \sin nx$ 的 n 只取奇數來作合成。在此 a_n 也是 n（奇數）的倒數。

如果合成到 $n = 5$，波形是下列這樣。（圖6-15）

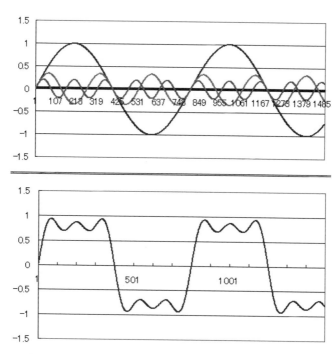

●圖 6-15 奇數次的 sin 函數依序合成至 $n = 5$ 的函數

又變成和鋸齒波不同形象的波形了耶～

當 n 最大值爲無限大時，就稱這波形爲「方波」（或矩形波）。
我們再以相同條件比較 n 值到 15 及 n 值到 49 的情況。（圖 6-16）

175

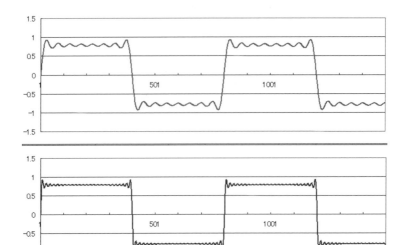

●圖 6-16　依序加到 $n = 15$ 的合成函數（上）與依序加到 $n = 49$ 的合成函數（下）

（😦）波變得越來越細，波形越來越接近直線了耶！

（😊）所以合成不同週期的 sin 函數，也可以作出這樣有稜有角的波形唷！

（😐）好像以前就曾聽過鋸齒波和方波……

（😊）可能是講到與樂團有關的事物吧！例如貝斯的效果器中就有所謂的「貝斯合成器效果」，它是為了使一般貝斯能有貝斯合成器、也就是電子模擬貝斯的聲音，刻意改變了貝斯的波形。會帶給人所謂「電子音」感覺的聲音，多半是波形平整的聲音，所以這種效果器就是將貝斯發出的波形變形成帶機械感的「鋸齒波」或「方波」。

（😐）原來如此……

（😊）鋸齒波的聲音和它的形狀一樣尖尖的，方波比起來沒那麼多稜角，聲音較柔和。

還記得我之前畫過像這樣的圖形嗎？（圖 6-17）

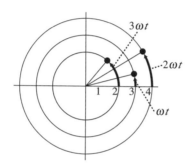

●圖 6-17　在 3 個圓周上各自迴轉的點

好像是在說明三角函數時……就是半徑分別為 1、2、3 的圓各有速度不同的點在迴轉吧！

沒錯！若表示成時間的函數圖形，就會發現它們是 sin 函數唷！（圖 6-18）

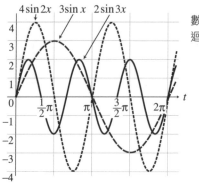

●圖 6-18　將圖 6-17 化為時間函數的圖形

像這樣隨時間變化的函數，可以稱為「時間函數」；或是因為它會穩定地反覆運行，所以又稱為「週期函數」。

接下來這個圖形則是改以 ω 為橫軸所畫的頻譜。這就是從時間函數到頻譜的完整流程。（圖 6-19）

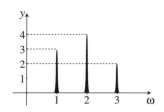

●圖 6-19　根據圖 6-17 畫出的頻譜

哎呀！這一路走來，真是令人懷念……

文香……

抱歉打斷妳的感慨唷！因為接下來才要進入正題。我們要將這些波形實際合成起來！

在半徑為 3 的圓上以 ωt 迴轉的點，其函數為 $y = 3\sin x$。同樣地，半徑為 4、2ωt 的點是 $y = 4\sin 2x$，半徑為 2、3ωt 的點是 $y = 2\sin 3x$。這些函數相加後的結果是下列這樣。（圖 6-20）

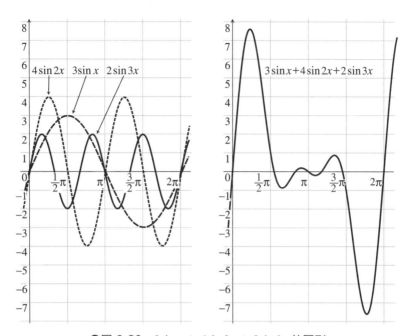

●圖 6-20　$3\sin x + 4\sin 2x + 2\sin 3x$ 的圖形

😮 果然會變成很複雜的圖形。

😐 「傅立葉轉換」就是從這樣疊加合成的函數中，計算並找出疊加前各個波的頻率與大小。但是之前我提到傅立葉轉換時，不是說過無論任何形狀的波形都必須變為固定週期反覆的「週期函數」嗎？

😮 是呀……但這是為什麼呢？

😐 好，這就來了解它的理由吧～♪ 正如我們這一連串看下來所知道的，將三角函數（週期與振幅各不同）組合起來，可以創造出各式各樣的波形。因為這樣，傅立葉級數製造出來的結果都是「週期函數」。

😮 嗯嗯！

😐 例如，組合 $\sin 2x$、$\sin 3x$ 與 $\cos x$，就會變成以 $\sin x$（＝週期最長的三角函數）為分段週期基準且不斷反覆的「週期函數」。（圖 6-21）

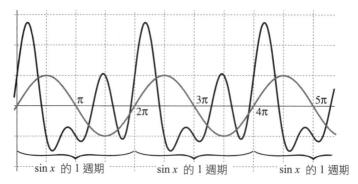

●圖 6-21 　以 $\sin x$ 為分段 1 週期的基準的 $\sin 2x + \sin 3x + \cos x$

「以傅立葉級數展開作合成」與「傅立葉轉換」是一體兩面的操作，所以只要以傅立葉級數創造的函數是週期函數，以傅立葉轉換所轉換出的函數也應當是週期函數。傅立葉轉換是分析一個函數由什麼樣的三角函數所組合的方法，所以必須找出這個函數中最長的週期型態所對應的「1 週期」才行！

喔喔～總算知道它的理由了！

大多數自然現象的波都不是週期函數，因此必須將它們切分出短短的時間，並設想這段區間範圍為不斷反覆的週期現象，才能進行傅立葉轉換。（圖 6-22）

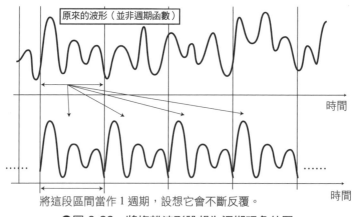

將這段區間當作 1 週期，設想它會不斷反覆。

●圖 6-22　將複雜波形設想為週期現象的圖

總之，

我已經將以三角函數合成製作各種波形的概況

說明一遍了！

組合三角函數的週期與大小的係數，

可以創造各式各樣的波形～

這公式就是「傅立葉級數」……

都懂了耶♪

是的……就像

……？

至於「合成」與「轉換」是彼此相反的關係。

呼呼呼

光和影子一般……

將各種東西組合一起，就是「合成」。

分析某種東西如何組合的，就是「轉換」。

傅立葉級數與傅立葉轉換的關係真深厚！

說到密切的關聯……

文香妳擅長作曲，吉他也彈得很好呀～

是喔？
嘿嘿嘿……

這就表示，既然有如此好的音樂知識，

節奏和音高應該能抓得很準才對……

這些都與歌唱能力有很深的關聯，所以我想妳應該至少能唱到一定水準才對吧……

陰沉

呼呼呼……

妳是說，妳想聽我唱歌，

是嗎？

啊！

這……不，我不是這個意思！

惠理奈……失言……

藉由「傅立葉級數」的反向思考，就可以達成用「傅立葉轉換」所作的

波形分析──

傅立葉分析囉！

第 7 章

傅立葉分析

……

嗯！

好，

再拼一下，
認真學完吧！

傅立葉分析就是求原
本的波形（函數）包
含了什麼樣的頻率，　　以及其「大小」。

複雜波形

t
（時間）

求頻率成分

t　　t　　t …

求出各頻率的
大小並列一起

大小

ω

頻譜

嗯嗯……

現在，

分析頻率成分的

「傅立葉烹調時間」
要開始嘍！！

咦！？

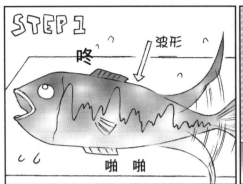

STEP 1

咚

波形

啪 啪

看什麼看？

唰！

如果原本的波形是「聲音」這種非週期函數，

我們可以先切出 1 秒的時間區間。

剁

剁

將這段區間當作最大週期。在這例子裡，我們將這 1 Hz 的頻率當作最低頻率。

在這 1 秒的區間中振動 1000 次的成分，就是「1 kHz 的頻率成分」。

嗯嗯！

接下來要透過分析來確定有什麼材料（頻率）。

所以只要分析這一個就好了嗎？

STEP2

是的……但不是只分析過這一個就結束了，

從最低頻率到可算出的最高頻率，必須將所有的頻率成分「一個一個」找出來。

原來如此！

STEP3

將所切取的菜放進只有特定材料（頻率成分）才能通過的「濾網」，

將材料一一抽出。

像 a_1 用濾網就可以抽取出 $\cos x$ 成分。

a_1 用濾網

$\cos x$

不是一次嘩里啪啦全部打散唷？

不是的，

不同材料需要個別的濾網。

數學上的方法稍後會說明。

STEP4

頻率成分

測量抽取出的材料（頻率成分）大小。

再來只要並列在一起就好！！

當頻率都依順序擺好……

沒事故……

嗙

大小

f

頻譜就大功告成！！

哇！！

以上就是分析頻率成分的概念的圖象化。

等於要將以前學過的全部都派上用場耶⋯⋯

我們就快抵達「以頻譜作聲音分析」囉！

大家加油吧——

喔——

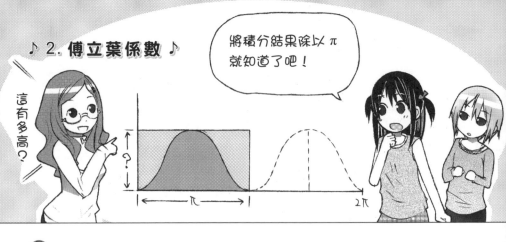

我們先回想一下「傅立葉級數」。它是這樣：

$$F(x) = \frac{1}{2}a_0 + a_1\cos x + a_2\cos 2x + a_3\cos 3x + \cdots\cdots + a_n\cos nx + \cdots\cdots$$
$$+ b_1\sin x + b_2\sin 2x + b_3\sin 3x + \cdots\cdots + b_n\sin nx + \cdots\cdots$$
$$= \frac{1}{2}a_0 + \sum_{n=1}^{\infty}\left(a_n\cos nx + b_n\sin nx\right)$$

另外，當 $F(x)$ 是隨時間 t 變化的函數時，應該寫成 $F(t)$。不過在這裡還是用較有普遍性的 $F(x)$ 來作吧！

這式子怎麼看都很嚇人呀！不過現在我竟然看得懂，自己還真有點感動哩……

在此「$\cos nx$」與「$\sin nx$」的 x 前方加的 n 是對應「頻率」，sin、cos 的大小則由係數 a_n、b_n 決定。a_0、a_n、b_n 這些就稱為「傅立葉係數」。先前我在「傅立葉烹調時間」所說明的直到第三個步驟的流程，就是在求傅立葉係數。

a_0 也是傅立葉係數？

是呀！因為 a_0 是決定全體波形上下位置的部分嘛！

有傅立葉級數，又有傅立葉轉換，還有傅立葉係數……我都頭昏了～

接著還要再來談「傅立葉展開」唷！

😮 嗚哇！

😊 求取原本波形 $F(x)$ 中出現的傅立葉係數 a_0、a_n、b_n，稱爲「求傅立葉係數」。這項工作也就等於在傅立葉烹調時間中出場的「濾網」。

😀 妳曾經說過，個別不同的頻率成分都需要各自的濾網耶！

😊 這也就是說，我們要從各種頻率成分中抽取出特定某種頻率。

😀 嗯～這要怎麼作呀……

😊 在此必須馬上想起「正交函數」！若函數呈正交關係，它們定積分的結果（也就是面積）會是如何？

😶 0……

😊 沒錯！會成爲 0……也可以說是數值全抵銷了。同時還要記住，$\sin nx$ 與 $\cos nx$ 都不可能與自己正交，定積分一定會有一個值出現。運用正交關係這個性質，就可以抽取出頻率成分囉！

😀 喔喔！要怎麼作？

😊 首先從cos的傅立葉係數「a_n」來看。
若我們希望只留下 $a_n\cos nx$，將 $F(x)$ 全部乘以 $\cos nx$ 再定積分就可以了！這樣除了其中一個函數外，其他全都是呈正交關係，因此積分結果（面積）就是 0，通通抵銷了。

😀 所以剩下的一個函數就是 $a_n \cos nx$ 嗎？

😊 是的！正如先前我講解正交函數時所說，n 值相等的cos函數不會相互正交。$\sin x \times \sin x$——也就是 $\sin^2 x$——在先前也說過，是：

$$\int_0^{2\pi} \sin nx \sin nx \, dx = \int_0^{2\pi} \frac{1}{2}\left(1 - \cos 2nx\right) dx$$

$$= \frac{1}{2}\left[x - \frac{1}{2n}\sin 2nx\right]_0^{2\pi} = \pi$$

積分結果就是「π」。

同樣地，$\cos x \times \cos x$——也就是$\cos^2 x$——的積分結果也是「π」。這個結果可以畫成下列圖形。（圖 7-1）

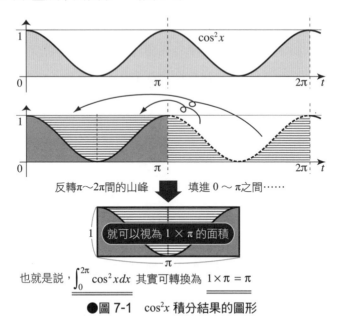

●圖 7-1　$\cos^2 x$ 積分結果的圖形

哈！以長方形來想就簡單啦！

在此我們想知道的是「a_n」，在$\cos^2 x$ 時 a_n 爲 1，所以

$1 \times \pi = \pi$

反過來說，若想知道 a_n 的值，只要將求面積的積分式除以 π 就好了！

哇！眞是「恍然大笑」！

妳是想說「恍然大悟」吧！「恍然大笑」太奇怪了……

原來是「恍然大誤」……

這個……我們將這項道理化爲式子，$\cos nx$ 的積分式除以 π 就等於乘以$\dfrac{1}{\pi}$，所以應該是這樣——

$$a_n = \frac{1}{\pi} \int_0^{2\pi} F(x) \cos nx \, dx$$

再來，由於sin也是相同的道理，所以下列這個式子也成立：

$$b_n = \frac{1}{\pi} \int_0^{2\pi} F(x) \sin nx \, dx$$

這就是「傅立葉係數」！

a_0 呢？

現在就來說明 a_0。

各種複雜的波形，其實都是由許多 sin 函數與 cos 函數集合而成。各個 sin 函數與 cos 函數的面積都是「0」。

嗯嗯！

也就是說，在求複雜波形的面積時，其實大半面積都是波峰與波谷相互抵銷，但只有一項面積會留下……

那就是 a_0 吧！

沒錯！用圖形來表示就像這樣（圖 7-2）：

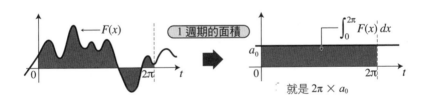

●圖 7-2　以圖形表示複雜波形 $F(x)$ 的積分結果

那麼複雜的波形面積也可以用 $2\pi \times a_0$ 這麼簡單的表示法唷？那如果像剛才那樣反過來推，想知道 a_n，只要將面積除以 2π 就好囉？

妳說對了♪除以 2π……也就是乘以 $\frac{1}{2\pi}$，所以是：

$$a_0 = \frac{1}{2\pi} \int_0^{2\pi} F(x) dx$$

但在這裡要請妳們想想！「a_0 原本算是什麼呢？」

🙂 咦？怎麼樣？

😎 a_0 既然有一個字母 a，它還是算 cos 的傅立葉係數。

😲 啊！對耶！

😀 所以 a_0 和其他係數一樣，也可以寫成：

$$a_0 = \frac{1}{\pi} \int_0^{2\pi} F(x)dx$$

😀 的確！

😆 但將 $n = 0$ 時的 cos 0 代入

$$a_n = \frac{1}{\pi} \int_0^{2\pi} F(x)\cos nx\, dx$$

計算所得到的卻是 a_0 的兩倍，也就是 $2a_0$。

為了讓它們顯得合理，所以才要在傅立葉級數的最開端加上 $\frac{1}{2}$ 唷！

😲 哦～原來那個 $\frac{1}{2}$ 是這樣來的呀！

😎 要更詳細地說明……傅立葉級數的真正式子應該是這樣才對：

$$F(x) = \underbrace{a_0 \cos 0x}_{n=0} + \underbrace{a_1 \cos 1x}_{n=1} + \underbrace{a_2 \cos 2x}_{n=2} + \cdots\cdots$$
$$+ \underbrace{b_0 \sin 0x}_{n=0} + \underbrace{b_1 \sin 1x}_{n=1} + \underbrace{b_2 \sin 2x}_{n=2} + \cdots\cdots$$

但是由於 $\cos 0x = \cos 0 = 1$、$\sin 0x = \sin 0 = 0$，所以才變成：

$$F(x) = a_0 + a_1 \cos x + a_2 \cos 2x + \cdots\cdots$$
$$+ b_1 \sin x + b_2 \sin 2x + \cdots\cdots$$

😲 咦……$\frac{1}{2}$ 呢？

根據上式可以表示成：

$$\begin{cases} a_0 = \dfrac{1}{2\pi} \underbrace{\int_0^{2\pi} F(x)dx}_{} \qquad \text{其實可看成乘以 } \cos 0x = 1 \\ a_n = \dfrac{1}{\pi} \int_0^{2\pi} F(x)\cos nx \, dx \end{cases}$$

但統整 $\dfrac{1}{2\pi}$ 與 $\dfrac{1}{\pi}$，讓 $n=0$ 時的數值為 $\dfrac{1}{2}a_0$，會比較合情合理。

原來如此。

現在再整理一遍，傅立葉係數也可以用下列 3 個式子表示：

$$a_n = \dfrac{1}{\pi} \int_0^{2\pi} F(x)\cos nx \, dx$$
$$b_n = \dfrac{1}{\pi} \int_0^{2\pi} F(x)\sin nx \, dx$$
$$a_0 = \dfrac{1}{2\pi} \int_0^{2\pi} F(x) \, dx$$

$\dfrac{1}{2}$ 要放在 a_0 中或提到 a_0 外，
要看一開始的傅立葉級數怎麼寫。

這樣「傅立葉係數」就齊全了！

懂得「傅立葉係數」，我們就完成了「傅立葉烹調時間」的第三步驟。接下來看第四步驟。

第四步驟就是分析抽取出的頻率成分大小吧！

就如之前我們所見，一個頻率成分中有 sin 函數的成分和 cos 函數的成分。而與它們相對應的傅立葉係數則是 b_n 與 a_n。
但是從頻譜來看，我們更關心的不是各成分的係數，而是這個頻率成分的大小。

頻率成分的大小？

這裡所說的大小，就像以下這個圖所畫的。（圖 7-3）

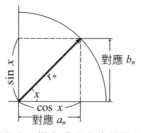

●圖 7-3 頻率成分大小的圖形

三角形的高度是用sin函數算出的 b_n，底邊則是用cos函數算出的 a_n……

這個三角形的斜邊長就是這個頻率成分的「大小」囉！

斜邊長度可以應用畢氏定理（勾股弦定理）算出：

$$r_n = \sqrt{a_n{}^2 + b_n{}^2} \qquad (r_n > 0)$$

這樣第四步驟也完成了！

最後是第五步驟。用第四步驟算出的 r_n，從 n 最小的值開始依序由左至右並列成圖形，就能得出「頻譜」。此外，以傅立葉轉換作頻率分析時，可以將變數視為時間函數，將變數填入 t 而寫為 $F(t)$。這樣可以強調函數的變數為時間這一點。（圖7-4）

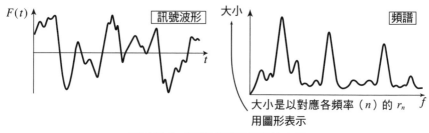

大小是以對應各頻率（n）的 r_n 用圖形表示

●圖 7-4 訊號波形與頻譜的表示

喔～我總算了解用傅立葉轉換求頻譜的步驟了！太帥了！

♪ 3. 音叉的頻譜 ♪

好，既然我們已經知道「傅立葉轉換」的具體方法，現在就可以開始實際進行頻譜分析了！！

終、終於……文香我真是太感動了！

妳趕得動嗎？

這隻笨牛怎麼都趕不動呀！我說感動啦！感動！！終於走到傅立葉轉換這一步，阿鈴妳都不感動嗎？

會呀……

呃……那就好啦！

看著妳們兩位學習到這裡，我也很感動耶♪
在看實際的頻譜前，我先簡單說明對要解析的波形的觀測方法。

對啦對啦！不先分析一下波形，怎麼會有頻譜能看呢？

我大致說明一下「示波器」的用法。示波器是一台可以將輸入的電子訊號表示成畫面的裝置。
使用示波器來觀測聲音波形的設置是這樣（圖7-5）：

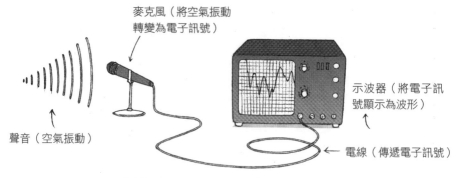

麥克風（將空氣振動
轉變為電子訊號）

示波器（將電子訊
號顯示為波形）

聲音（空氣振動）

電線（傳遞電子訊號）

●圖 7-5　用示波器觀測聲音波形的方法

我簡單說明這張圖：

1. 麥克風將聲音（空氣振動）轉換為電子訊號。
2. 聲音轉換成的電子訊號，經由電線輸入示波器的輸入端子。
3. 示波器將電子訊號由左至右隨時間行進顯現在畫面上。

原來如此！以後每家都要買一台示波器！

想得美⋯⋯

正如阿鈴所說的，一般家庭大概不會有什麼示波器啦！所以我們還是
要利用電腦！
而且要直接計算聲音的頻譜，運用電腦既簡單又有效率。以電腦觀測
波形的程序也和使用示波器相同。

就用麥克風直接接收聲音就好了嗎？

是呀！電腦裡都有一種稱為「音效卡」的裝置，可以將麥克風傳來的
訊號轉換成數位資料。音效卡也可以用在聲音播放上，近年來的電腦
都已經將它當作標準的功能配備了。

下面的圖形說明運用電腦觀測聲音波形的方法。（圖7-6）

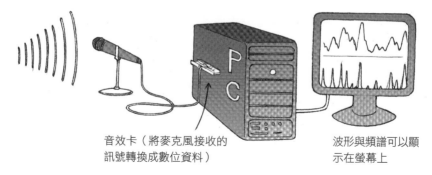

音效卡（將麥克風接收的
訊號轉換成數位資料）

波形與頻譜可以顯
示在螢幕上

●圖7-6　用電腦觀測聲音波形的方法

電腦可以完全擔負起示波器的功能。此外，電腦的運算功能還可以直接對經過數位轉換的聲音資料進行「傅立葉轉換」，並且將頻譜表示為觀測圖形。

嗯～電腦真的很方便吶！我家的電腦都快變成上網專用機了，好像應該想想如何更加活用它耶……

各種軟體使用電腦計算頻譜的具體方法都不一樣，這裡就不介紹了。我先前也說過，如果沒有專門的軟體，也可以用試算表軟體「Excel」來作分析。

嗯嗯！

現在我們就先來分析一些非常基本的聲音的頻譜吧！

喔喔～要分析什麼聲音？

首先來看「音叉」！我在最初說明時曾稍微提過音叉吧！（圖7-7）

●圖 7-7　樂器調音用音叉

嗯嗯！這是調音用的音叉吧！這音叉會發出「La」的聲音。

沒錯♪敲擊這支音叉，然後將把手下端的球狀部分貼在耳上，或牙齒輕輕地咬，就可以聽到「La」音高的基本頻率 440Hz 的聲音。

會發出響亮的「嗡──」一聲。

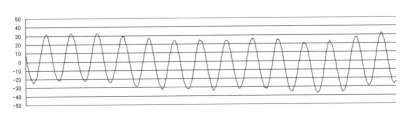

●圖 7-8　音叉的波形

用電腦分析這個聲音，會看到這樣的波形。（圖 7-8）

是 sin 函數耶！

sin 函數……

雖然有點上下搖晃，但看起來就是一個 sin 函數呢！

嗯嗯！頻譜就是由這個波形計算出來的吧？

是的。我們趕快來看它的頻譜吧！（圖 7-9）

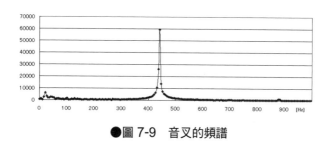
●圖 7-9　音叉的頻譜

横軸代表頻率,單位是「Hz」(赫茲)。縱軸則表示頻譜的相對大小。

剛好就在 440 Hz 處有一座大山!

由此可以知道,音叉的波形幾乎是由單一的頻率所組成。

嗯嗯!

從這個頻譜結果來看,雖然多少有點誤差,但我們耳朵聽到的差不多就是「單一頻率」沒有問題。一般來說,sin 函數的單一頻率聲響聽來是「噗——」或「波——」這樣非常單純的聲音,當然每人會有些個別差異。如果聲音提高到 7 kHz(千赫茲)以上,聽來就是「叮——」這樣的高音。

我漸漸地知道聲音與頻譜的關係囉!

因爲音叉是最單純的例子,用它可能不容易理解傅立葉分析的意義。接下來我們要看更複雜的例子。

♪ 4. 吉他的頻譜 ♪

現在我們就用「電吉他」來作實驗吧！

哇！吉他、吉他！！

……

大家都知道，吉他有 6 根粗細不等的弦，透過按壓不同位置來製造各種音階。一個音一個音可以彈出一條旋律線，而同時按壓數條弦則可以彈出和聲，也可以彈奏出較厚重的聲響。

就是呀！

首先請妳彈一個音高「Do」（C）的單音。為求容易分析，請彈不加效果器的原音音調。

「叮……」

就是像這樣單純的一聲。這時的聲音波形（圖 7-10）根據頻譜分析是這樣：

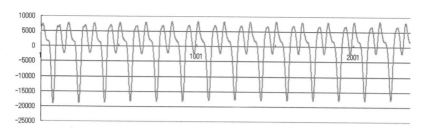

●圖 7-10　吉他 Do（C）音的波形

從頻譜中挑選主要的高峰頻率畫成的圖形是這樣（圖 7-11）：

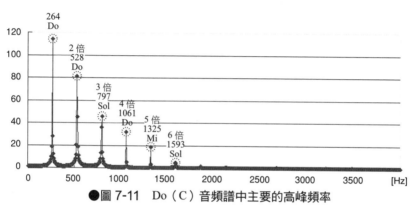

●圖 7-11　Do（C）音頻譜中主要的高峰頻率

那麼，從這張圖可以知道什麼呢？

「國際標準頻率」將 La 的音高訂為「440 Hz」，「國際標準」的 Do 音頻率為 261.63 Hz。這個解析結果中的最大頻譜約為 264 Hz，與國際標準相比，調音可能稍高了些，不過就 Do 音來說還是很準唷！

喔喔～平常已經做得很習慣的調音，這樣一看變得好新奇唷！

其他的頻率依頻譜較大的順序來看，分別是 528 Hz、797 Hz、1061 Hz、1325 Hz、1593 Hz，差不多是最初的「Do」音頻率的 2 倍、3 倍、4 倍……它們的大小隨著頻率越高而變得愈來愈小。像這樣的頻譜關係與先前看過的「鋸齒波」非常類似。這是因為基準音（頻率）「Do」的諧波包含了奇數倍與偶數倍的關係。

（圖示）諧波是什麼玩意兒呀？

（圖示）就是基準頻率高 2 倍以上整數倍的波。

（圖示）原來如此。聲音的特徵都可以化爲數值呢！

（圖示）接下來請妳同時彈出「Do」（C）、「Mi」（E）、「Sol」（G）3 個音。

（圖示）就是「C 大調」和絃囉！

「噹……」

（圖示）這次波形會是什麼樣子呢？（圖 7-12）

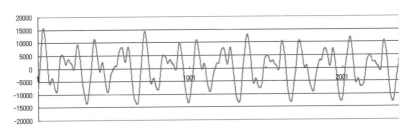

●圖 7-12 吉他彈 Do（C）‧Mi（E）‧Sol（G）的聲音波形

（圖示）喔喔～比剛才的波形複雜好多唷！

（圖示）接著也畫出它的主要的高峰頻率！（圖 7-13）

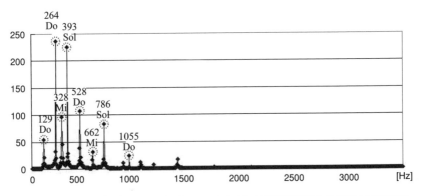

●圖 7-13 Do（C）‧Mi（E）‧Sol（G）的聲音頻譜中主要的高峰頻率

這次又有什麼特徵呢？

Do、Mi、Sol的基準音很容易找出來吧！但有趣的是，可以看出Do音的諧波比例相較於彈單音時急遽縮小了。一般認為，這是因為彈和聲時，各個基準音的諧波所產生的能量被用於合成和音的關係。

哦～眞神奇！

關於和聲與頻譜我再多做一些說明。同時彈 Do、Mi、Sol 這 3 個音，但Mi的頻譜卻比Do和Sol都來得小，現在來探討一下原因。

好呀好呀！

像鍵盤樂器和吉他這種有琴格的樂器，都是以「平均律」來做調音。意思就是：將 1 個八度（頻率比 1：2）等分成 12 個音，每兩個相鄰音階的頻率比都相同。這個比率爲 2 的 12 方根，因爲這個值必須自乘 12 次後會變成 2（1 個八度）。兩個相鄰的音階關係稱爲「半音」。（圖 7-14）

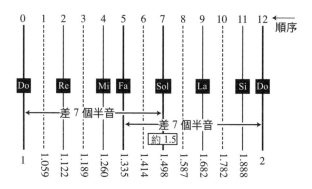

平均律就是將 1 個八度分爲 12 個音階，一階稱爲 1 個「半音」，其頻率比爲 $^{12}\sqrt{2}$。

（所有半音的頻率比都相同，所以才稱爲「十二音階平均律」）（$^{12}\sqrt{2} = 1.059463……$）

●圖 7-14　平均律中「半音」的概念

是哦～

Do 與在它之上的 Sol 的頻率比約為 1:1.5，相當於 2:3。這個比例剛好是差 7 個半音。像這樣頻率關係呈現簡單整數比的兩個音，具有會相互增強的性質。另一方面，「Do 與 Mi」的頻率比約為 6:7，「Mi 與 Sol」的頻率比約為 7:9。這些比例相較於 2:3 這種簡單整數比來說是稍微複雜了些。頻率比是否單純與聲音是否會彼此增強有關。愈單純的比例則增強程度就愈強。

所以在 Do、Mi、Sol 的和聲中 Mi 音才會比較小囉？

對呀！但雖然相對來說小一點，不過主要的頻率成分仍然沒變。這就是和聲創造出來的音場厚度。

平常自自然然感覺到的和聲厚度，經過傅立葉分析後就有了合理的數學解釋耶！

♪ 5. 人聲的頻譜 ♪

最後我們來分析一下人聲吧！

喔喔！終於⋯⋯

在這之前，我先簡單說明一下人類發聲的機制。從鼻子或嘴吸入的空氣，通過氣管到達肺部。氣管最頂端的部分是稱為「聲帶」的器官，當空氣通過時會有些許振動。（圖7-15）

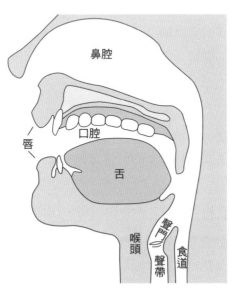

●圖 7-15　發聲器官

我聽過「聲帶」這個詞！

聲帶的大小與厚度因人而異，而且因為聲帶的差異及呼吸時空氣的密度，以致它的振動週期也會改變。我們在此製造的基本振動波形近似於「鋸齒波」，帶有多種頻率成分。

哇～

透過上下顎、舌頭還有嘴唇的位置與形狀，來改變口中空洞的形狀，藉此改變通過這空洞的空氣流動。同時，從鼻子呼出的空氣流動也會有變化。

真是複雜呀……

聲帶振動帶動具備各種頻率成分的空氣振動，在通過口腔或鼻腔時，會隨著它們的形狀賦予頻率成分各式各樣的特徵。也就是說，口腔與鼻腔的作用，就像是「濾網」一般。因此人們才能創造出各式各樣的「聲」和「音」。

有一種光靠嘴巴發聲就可以模擬打擊樂器聲音的「人聲打擊樂」耶！

人聲打擊樂中「清音」的用法也非常重要。相對於先前所講的藉由聲帶振動而產生的聲音「濁音」，「清音」則是不振動聲帶，只透過吐氣製造的聲音。

對喔！英文課堂上也是說清音如何如何的……

無論是清音或濁音，都是透過口腔與鼻腔的形狀創造出各式各樣的發音。因為每個人的口腔與鼻腔形狀各有不同，所以才會有相異的個人聲音特徵。

那麼，如果形狀相似，聲音也會相似嗎？

沒錯♪像親子的發聲特徵往往很類似，這是因為遺傳造成臉部骨骼相似的關係。還有在為外國片配本國語時，有時會選與演員臉部特徵相似的配音員來配音，這也是由於臉部骨骼與聲音特徵有關係唷！

哇～

但是，母音與子音的基本頻譜組態中有許多不會隨個別差異而改變，
所以我們彼此講話才能聽懂唷！

的確，如果全部的聲音每個人都不同，那講話就沒人聽得懂啦！

文香平常講話就常讓人聽不懂……

妳說什麼！

好啦好啦……現在來看看母音的頻譜與波形的圖形吧！
首先是「ㄚ～」！（圖 7-16）

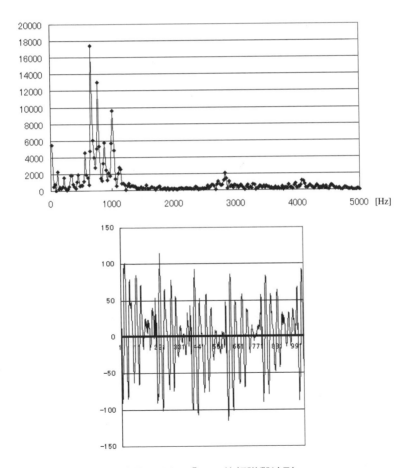

●圖 7-16　「ㄚ」的頻譜與波形

這就是「ㄚ」的頻譜呀！

「ㄚ」的發聲是透過張大嘴巴、擴充口腔形狀所造成。在較大的空間中，較高的頻率成分較難以共鳴，因此頻譜都集中在低頻率成分上。好了，接下來是「ㄧ～」！（圖 7-17）

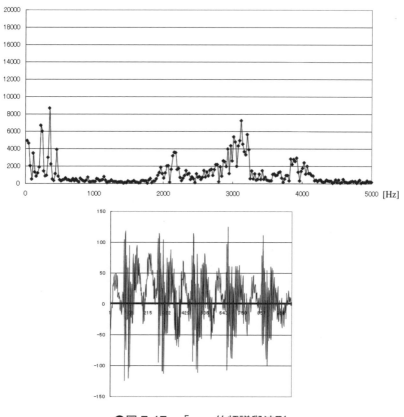

●圖 7-17　「ㄧ」的頻譜與波形

噫～真是個好頻譜呀！

哪裡啊……

「ㄧ～」元復始，萬象更新嘛！

這個……我們回想一下剛才文香唸「一～」時嘴巴的形狀。嘴唇往左右兩側拉長，上下形狀變窄。這時整個口腔變得扁平，較低的共鳴便受到抑制。因此相較於「ㄚ」的聲音，它更可以感覺到上顎後方深處發出的細微「嗶哩嗶哩嗶哩」的振動。

妳感覺到了嗎……

我沒有，文香妳自己……

嗯！這種振動不特別注意就不會發現吧……這種振動與高頻率成分的共鳴有關唷！我們可以看到頻譜擴散到更高的頻率成分上，波形本身也增加許多細微的振動。好了，再下來是「ㄨ～」！（圖7-18）

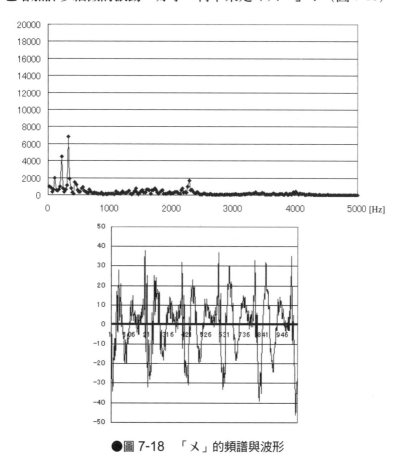

●圖7-18 「ㄨ」的頻譜與波形

嗚……

 怎麼了？

 發個聲而已！

 「ㄨ」就是將嘴巴全部收攏的發音，因此聲音會變得模糊。在它的頻譜中可以抽取出母音中最低的頻率成分。

好了，下一個是「ㄟ～」！（圖 7-19）

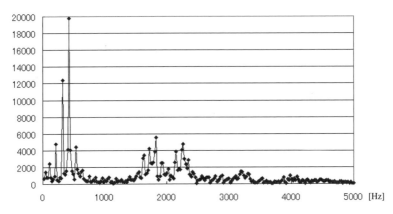

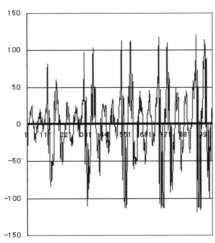

●圖 7-19　「ㄟ」的頻譜與波形

 ㄟ？

啊！我本來要說的，被妳先搶去說了……

 「ㄟ」比起「ㄧ」，嘴巴還要再上下分開些，但左右也更拉開些、上顎也較低，因此可以產生更高的頻率成分。不過可以看得出，這些成分中主要的位置會比「ㄧ」更低些。最後是「ㄛ～」！（圖 7-20）

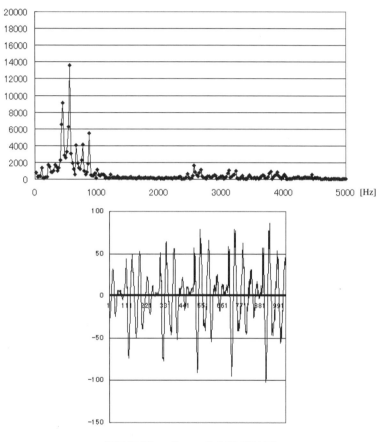

●圖 7-20　「ㄛ」的頻譜與波形

 喔！

 ……

 ……

妳們兩人真有默契♪「ㄛ」和「ㄚ」的嘴型類似。我們可以發「ㄚ」的音然後慢慢地變化成「ㄛ」，這樣就可以馬上感覺到，比起要將「ㄚ」改變成其他母音，「ㄛ」與它更接近。

那、那，這樣就可以知道人的聲音好不好囉？

這個嘛……一般認為對女性的歌聲而言，音域占有很重要的地位。

是呀！音域寬廣是「好歌喉」的基本要素之一。

音域是指人能唱得出的最低音到最高音的音程嗎？

再來就是頻譜中各相對單純的頻率成分彼此具有共鳴關係吧！

嗚～

哇～

那我們趕快收集一些好聽的人聲來選拔吧！

啊～

共鳴函數就是指各低音頻率的整數倍頻率都完整地包括在頻譜中的意思。

說到吉他等樂器時也會提到「低音平衡度夠好的聲音……」，

原來是指這個啊～

現在螢幕顯示的頻率

1852 Hz 約是 452 Hz 的 4 倍、 3144 Hz 約是 452 Hz 的 7 倍、 1400 Hz 接近 344 Hz 的 4 倍。

452hz 約 4 倍 1852hz
約 7 倍 3144hz
344hz 約 4 倍 1400hz

這幾個頻率都有接近整數倍的關係呢！

另外，1852 Hz 又接近 1400 Hz 的 $\frac{3}{4}$ 倍。

哇！

所以這個頻譜顯示的就是「好歌喉」呢！！

3：4 關係的音階就相當於「Do（C_1）－ Sol（G_1）－高音 Do（C_2）」的關係，頻譜顯示這一種母音發聲就可以創造出好聽的共鳴和聲！！

那……

這是誰的歌聲啊？

咦？

對耶！這是誰的啊？

我……

別開玩笑啦！

對耶！剛剛阿鈴
拿麥克風玩了一
下……

……。

那、那……

阿鈴

其實有當主唱
的素質嘛！

是表示她的聲音不錯……

但……但是好像離正確的整數倍有點差距呀？

發聲會受到口腔內各式各樣因素的影響，不可能與計算值完全一樣。

但是，

可以讓她的歌聲更有特色，絕不是什麼壞事！

阿鈴……

仔細看看，頻譜整體伴隨著微妙的誤差與搖晃，但整體是很單純的形狀，

這可是被認為聽來舒服的歌聲特徵唷！

223

那，

妳唱一下這首曲子試試！

呃……

……

……

緊張 緊張

七上八下

咳！

呆——

雖然很小聲…… 但很好聽！！

妳

抓

妳怎麼之前都
不對我們說！

我沒想過
……

要唱歌……

拜託！
阿鈴！
當主唱啦！

我也要
拜託妳！

……

既然妳們兩人都
這樣說了……

225

就是啊…… 傅 立 葉 ※

用我們 3 人的名字字首……

然後……
校慶當天——

嘩
嘩
嘩

哇——

※ 日文的文香爲 Fumika、阿鈴爲 Rin、惠理奈爲 Erina，所以是將 Fu、Ri、E 組合在一起。音似傅立葉。

咦……　　妳們沒有主唱啊！！

就在你眼前呀！

呃！
喂……

難不成
妳要自己唱……

終於到了最後一團！！

她們能超越普利耶魯的分數嗎？這是今年第一次參加的樂團……

「傳立葉」！！

C——

就在這瞬間合而為一！

我們的

「傅立葉」

才正要開始呢！

◆ 附錄 ◆

傅立葉級數的代數應用範例

■範例：求無限級數和的值

在此利用傅立葉級數來求無限級數和的值吧！

在第 6 章介紹傅立葉級數時，曾經提過如

$$\sin x + \frac{1}{3}\sin 3x + \frac{1}{5}\sin 5x + \frac{1}{7}\sin 7x + \cdots\cdots$$

這樣的級數和，其圖形為下列這樣：

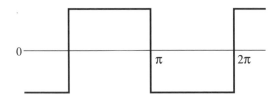

但對於它的振幅並未詳細介紹。

在此確實地求出這個函數圖形的傅立葉係數。

結果可以算出這個無限級數和的值為：

$$1 - \frac{1}{3} + \frac{1}{5} - \frac{1}{7} + \frac{1}{9} - \cdots\cdots = \frac{\pi}{4}$$

■步驟 1-1

好，現在來求下一個函數的傅立葉係數。

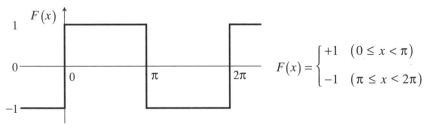

$$F(x) = \begin{cases} +1 & (0 \le x < \pi) \\ -1 & (\pi \le x < 2\pi) \end{cases}$$

首先 a_0 為

$$a_0 = \frac{1}{2\pi} \int_0^{2\pi} F(x)\,dx$$

—— 將 0～2π 分割成兩段

$$= \frac{1}{2\pi} \left(\int_0^\pi F(x)\,dx + \int_\pi^{2\pi} F(x)\,dx \right)$$

$$= \frac{1}{2\pi} \left(\int_0^\pi 1\,dx + \int_\pi^{2\pi} (-1)\,dx \right)$$

←—— 代入 $F(x)$

$$= \frac{1}{2\pi} \left([x]_0^\pi - [x]_\pi^{2\pi} \right) = \frac{1}{\pi} (\pi - 0 - 2\pi + \pi)$$

$$= 0$$

看原來的 $F(x)$ 圖形：

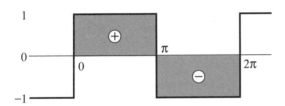

$\oplus$ 與 $\ominus$ 兩部分的面積剛好相等，所以光看圖也可以知道答案為「0」。

■步驟 1-2

那麼 a_n 項又如何呢？

第 6 章曾看過，a_n 就是 $F(x)$ 與 $\cos nx$ 相乘再求積分。

現在來解其中這個式子：

$$a_1 = \frac{1}{\pi} \int_0^{2\pi} F(x) \cos x\,dx$$

在計算之前先畫出圖形來看看吧！

正如圖形所見，$\oplus$ 的部分與 $\ominus$ 的部分面積相同，互相抵銷了。那麼 a_2 的情況又是如何？來看看圖形：

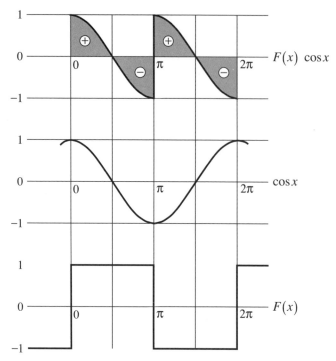

⊕ 的部分與 ⊖ 的部分面積一樣也相互抵銷。

同樣地，a_2 之後的 a_n 也是 ⊕ 的部分與 ⊖ 的部分面積相互抵銷，因此可以直覺地得知所有 a_n 都為「0」。

再來稍微計算一下從 b_1 開始的 b_n。

$$b_1 = \frac{1}{\pi} \int_0^{2\pi} F(x) \sin x\, dx$$
$$= \frac{1}{\pi} \left(\int_0^{\pi} \sin x\, dx + \int_{\pi}^{2\pi} (-\sin x)\, dx \right)$$
$$= \frac{1}{\pi} \left([-\cos x]_0^{\pi} + [\cos x]_{\pi}^{2\pi} \right)$$
$$= \frac{1}{\pi} \left\{ (1+1) + (1+1) \right\}$$
$$= \frac{4}{\pi}$$

也就是說，$b_1 = \dfrac{4}{\pi}$。

接下來算 b_2 的值。

$$b_2 = \frac{1}{\pi} \int_0^{2\pi} F(x) \sin 2x \, dx$$

$$= \frac{1}{\pi} \left\{ \int_0^{\pi} \sin 2x \, dx + \int_{\pi}^{2\pi} (-\sin 2x) \, dx \right\}$$

$$= \frac{1}{\pi} \left(\left[-\frac{1}{2} \cos 2x \right]_0^{\pi} + \left[\frac{1}{2} \cos 2x \right]_{\pi}^{2\pi} \right)$$

$$= \frac{1}{2\pi} (-1 + 1 + 1 - 1)$$

$$= 0$$

也就是說，$b_2 = 0$。若看它的圖形，會更直覺地理解吧！

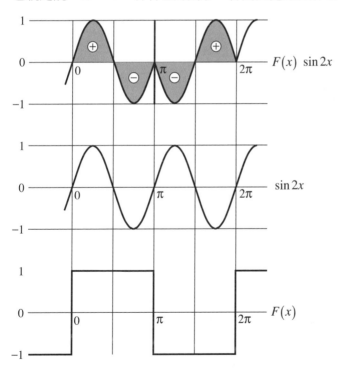

可以知道 ⊕ 的部分與 ⊖ 的部分面積相同，因此相互抵銷。

當 n 是偶數時，看圖也同樣可以明瞭：

$$b_n = \int_0^{2\pi} F(x) \sin nx \, dx = 0$$

$n = 2, 4, 6\cdots\cdots$ 時，

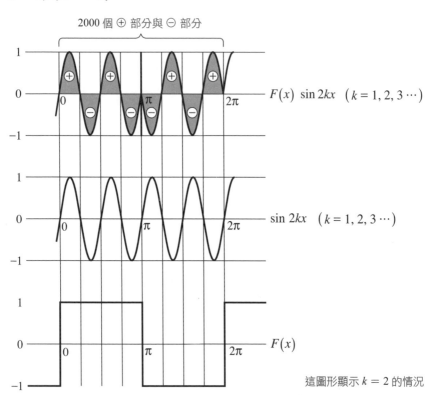

2000 個 ⊕ 部分與 ⊖ 部分

$F(x) \sin 2kx$ $(k = 1, 2, 3 \cdots)$

$\sin 2kx$ $(k = 1, 2, 3 \cdots)$

$F(x)$

這圖形顯示 $k = 2$ 的情況

當 n 為奇數，$n = 3, 5, 7\cdots\cdots$ 時又是如何呢？再簡單計算一下。

這次要求 b_3。算出來是：

$$b_3 = \frac{1}{\pi} \int_0^{2\pi} F(x) \sin 3x\, dx$$

$$= \frac{1}{\pi} \left(\int_0^{\pi} \sin 3x\, dx + \int_{\pi}^{2\pi} (-\sin 3x)\, dx \right)$$

$$= \frac{1}{\pi} \left(\frac{1}{3} [-\cos 3x]_0^{\pi} + \frac{1}{3} [\cos 3x]_{\pi}^{2\pi} \right)$$

$$= \frac{1}{3\pi} (1 + 1 + 1 + 1)$$

$$= \frac{1}{3} \cdot \frac{4}{\pi}$$

同樣計算 n 爲奇數時，可以得知：

$$b_n = \frac{1}{n} \cdot \frac{4}{\pi}$$

這樣便能算出所有的傅立葉係數了。

■步驟 2

將這些係數都套入傅立葉級數，會變成下列這樣：

$$F(x) = \frac{4}{\pi} \left(\sin x + \frac{1}{3} \sin 3x + \frac{1}{5} \sin 5x + \frac{1}{7} \sin 7x + \cdots \right)$$

改用總和符號 Σ 來表示，就成爲：

$$F(x) = \frac{4}{\pi} \sum_{n=1}^{\infty} \frac{1}{n} \sin nx \qquad （但 n＝奇數）$$

在此 n＝奇數這種「但書」不是好的數學表示法，改爲：

$$n = 2m + 1 \quad (m = 0, 1, 2 \cdots)$$

原式可改寫成：

$$F(x) = \frac{4}{\pi} \sum_{m=0}^{\infty} \frac{1}{2m+1} \sin(2m+1)x$$

■步驟 3

但由於 $\sin\left(\frac{\pi}{2}\right) = 1$、$\sin\left(\frac{3\pi}{2}\right) = -1$、$\sin = \left(\frac{5\pi}{2}\right) = 1 \cdots\cdots$

因此將 $\frac{\pi}{2}$ 代入 x，得到：

$$F\left(\frac{\pi}{2}\right) = \frac{4}{\pi} \sum_{m=0}^{\infty} \frac{1}{2m+1} \sin\left(\frac{2m+1}{2}\pi\right)$$

$$= \frac{4}{\pi} \sum_{m=0}^{\infty} \frac{1}{2m+1} (-1)^m$$

$$= \frac{4}{\pi}\left(1 + \underbrace{\frac{1}{3}(-1)}_{} + \underbrace{\frac{1}{5}(-1)^2}_{} + \frac{1}{7}(-1)^3 \cdots\cdots\right)$$

$$\quad\quad\quad m=0\ 時 \quad\quad m=1\ 時 \quad\quad m=2\ 時$$

$$= \frac{4}{\pi}\left(1 - \frac{1}{3} + \frac{1}{5} - \frac{1}{7} + \frac{1}{9} - \cdots\cdots\right)$$

另外，由前面的 $F(x)$ 圖形可以得出

$$F\left(\frac{\pi}{2}\right) = 1$$

因此得到

$$1 = \frac{4}{\pi}\left(1 - \frac{1}{3} + \frac{1}{5} - \frac{1}{7} + \frac{1}{9} - \cdots\cdots\right)$$

將左右兩邊同乘以 $\frac{\pi}{4}$，再將左右對調成為：

$$1 - \frac{1}{3} + \frac{1}{5} - \frac{1}{7} + \frac{1}{9} - \cdots\cdots = \frac{\pi}{4}$$

左邊的級數和就為 $\dfrac{\pi}{4}$。

或是兩邊乘以 4 倍，用總和符號表示，就變成：

$$4\sum_{m=0}^{\infty}\frac{(-1)^m}{2m+1}=\pi$$

■級數和的實際運算

如果利用電腦對這個級數和作實際運算，會發現級數中各項會呈「正數」與「負數」反覆變換，而裡面的級數 $\dfrac{1}{2m+1}$ 中，m 即使到達 100，也不過是 201 分之 1（約 0.005%），級數會一直看不到收斂情形。

實際用 Excel 計算，會發現當 $m=100$ 時，級數和為 3.15149……；$m=101$ 時為 3.13178……；而 $m=10000$ 時為 3.14169……；$m=10001$ 時為 3.14149……它是在 π 的值上下振動並緩慢收斂。（參見下一頁的表）

這裡最有趣的一點，在於只取奇數的分數級數和（和與差的相互組合），竟然可收斂到 $\dfrac{\pi}{4}$ 這樣一個包含無理數的值上。

就像這樣，可以運用傅立葉轉換計算傅立葉係數，進而求出無限級數和的收斂值。傅立葉轉換還可以應用在這種代數上，是很有趣的事。

本書介紹解說的是傅立葉轉換的入門部分，若有讀者希望能進行更深入的學習，請活用其他關於微分、積分與傅立葉轉換的書籍。

《用 Excel 學傅立葉轉換》（OHM 社出版），我希望能當作本書讀者邁向下一階段的參考書籍。書中會介紹其他許多聲音的傅立葉分析的實際例題。

m	收斂（4倍）	m	收斂（4倍）	m	收斂（4倍）
0	4.00000000000	89	3.13048188536	9992	3.14169272364
1	2.66666666667	90	3.15258133288	9993	3.14149259355
2	3.46666666667	91	3.13072340938	9994	3.14169270361
3	2.89523809524	92	3.15234503100	9995	3.14149261357
4	3.33968253968	93	3.13095465667	9996	3.14169268360
5	2.97604617605	94	3.15211867783	9997	3.14149263359
6	3.28373848374	95	3.13117626945	9998	3.14169266359
7	3.01707181707	96	3.15190165806	9999	3.14149265359
8	3.25236593472	97	3.13138883754	10000	3.14169264359
9	3.04183961893	98	3.15169340607	10001	3.14149267359
10	3.23231580941	99	3.13159290356	10002	3.14169262360
11	3.05840276593	100	3.15149340107	10003	3.14149269357
12	3.21840276593	101	3.13178896757	10004	3.14169260361
13	3.07025461778	102	3.15130116270	10005	3.14149271355
14	3.20818565226	103	3.13197749120	10006	3.14169258364
15	3.07915339420	104	3.15111624718	10007	3.14149273353
16	3.20036551541	105	3.13215890121	10008	3.14169256367
17	3.08607980112	106	3.15093824393	10009	3.14149275349
18	3.19418790923	107	3.13233359277	10010	3.14169254371
19	3.09162380667	108	3.15076677249	10011	3.14149277345
20	3.18918478228	109	3.13250193231	10012	3.14169252376
21	3.09616152646	110	3.15060147982	10013	3.14149279339
22	3.18505041535	111	3.13266426009	10014	3.14169250381
23	3.09994403237	112	3.15044203787	10015	3.14149281333
24	3.18157668544	113	3.13282089249	10016	3.14169248388
25	3.10314531289	114	3.15028814140	10017	3.14149283327
26	3.17861701100	115	3.13297212408	10018	3.14169246395
27	3.10588973827	116	3.15013950606	10019	3.14149285319

●表　用 Excel 計算出的級數和

✦✦✦ 參考文獻 ✦✦✦

- 『Excel で学ぶフーリエ変換』 小川智哉監修　渋谷道雄 / 渡邊八一共著　オーム社（2003 年 3 月）
- 『数学公式 I 微分積分・平面曲線』『数学公式 II 級数・フーリエ変換』（全 3 巻）森口繁一 / 宇田川銈久 / 一松信共著　岩波書店　（1987 年 3 月）
- 『理科年表【平成 18 年版】』 国立天文台編　丸善　（2005 年 11 月）
- 『数学小辞典』 矢野健太郎編　共立出版　（1968 年 10 月）

❖❖❖ 索 引 ❖❖❖

13、14 劃

15 劃～

國家圖書館出版品預行編目資料

世界第一簡單傅立葉分析 / 澀谷道雄著 ； 謝仲
其譯. -- 初版. -- 新北市新店區：世茂，
2009. 11
　　面；　公分. --（科學視界 ； 101）
含索引
ISBN 978-986-6363-22-1（平裝）

1. 傅立葉分析　2. 漫畫

314.62　　　　　　　　　　98017900

科學視界 101

世界第一簡單傅立葉分析

作　　者／澀谷道雄
譯　　者／謝仲其
主　　編／簡玉芬
責任編輯／傅小芸
作　　畫／晴瀨ひろき
製　　作／TREND-PRO 株式會社
封面設計／江依玶
出 版 者／世茂出版有限公司
負 責 人／簡泰雄
地　　址／（231）新北市新店區民生路 19 號 5 樓
電　　話／（02）2218-3277
傳　　真／（02）2218-3239（訂書專線）、（02）2218-7539
劃撥帳號／19911841
戶　　名／世茂出版有限公司　單次郵購總金額未滿 500 元（含），請加 80 元掛號費
世茂網站／www.coolbooks.com.tw
排版製版／辰皓國際出版製作有限公司
印　　刷／世和印製企業有限公司
初版一刷／2009 年 11 月
　四刷／2012 年 7 月
二版一刷／2015 年 5 月
二版四刷／2023 年 9 月

定　　價／280 元
ＩＳＢＮ／978-986-6363-22-1

Original Japanese edition
Manga de Wakaru Fourier Kaiseki
By Michio Shibuya and Kabushiki Kaisha TREND・PRO
Copyright © 2006 by Michio Shibuya and Kabushiki Kaisha TREND・PRO
published by Ohmsha, Ltd.
This Chinese language edition co-published by Ohmsha, Ltd. and Shy Mau Publishing Company
Copyright © 2009
All rights reserved.

合法授權・翻印必究

讀者回函卡

感謝您購買本書，為了提供您更好的服務，歡迎填妥以下資料並寄回，我們將定期寄給您最新書訊、優惠通知及活動消息。當然您也可以E-mail：service@coolbooks.com.tw，提供我們寶貴的建議。

您的資料（請以正楷填寫清楚）

購買書名：_____

姓名：_____ 生日：_____ 年 ____ 月 ____ 日

性別：□男 □女　E-mail：_____

住址：□□□_____縣市_____鄉鎮市區_____路街
_____段_____巷_____弄_____號_____樓

聯絡電話：_____

職業：□傳播 □資訊 □商 □工 □軍公教 □學生 □其他：_____

學歷：□碩士以上 □大學 □專科 □高中 □國中以下

購買地點：□書店 □網路書店 □便利商店 □量販店 □其他：_____

購買此書原因：____ ____ ____ ____ ____（請按優先順序填寫）
1封面設計　2價格　3內容　4親友介紹　5廣告宣傳　6其他：_____

本書評價：____ 封面設計　1非常滿意 2滿意 3普通 4應改進
　　　　　____ 內　容　1非常滿意 2滿意 3普通 4應改進
　　　　　____ 編　輯　1非常滿意 2滿意 3普通 4應改進
　　　　　____ 校　對　1非常滿意 2滿意 3普通 4應改進
　　　　　____ 定　價　1非常滿意 2滿意 3普通 4應改進

給我們的建議：_____
_____
_____

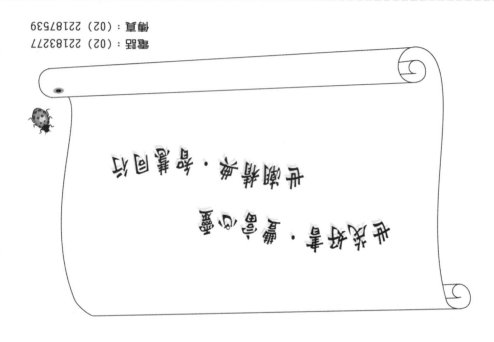

廣告回函
北區郵政管理局登記證
北台字第9702號
免貼郵票

231新北市新店區民生路19號5樓

世茂
世潮 出版有限公司 收
智富